U0224017

中等职业学校规划教材

无机化学实验

第 二 版

林俊杰 编

化学工业出版社

·北京·

本书是根据全国化工职业技术教育教学指导委员会颁发的《无机化学教学大纲》和《无机化学实验大纲》并结合当前中等职业教育具体情况编写的。其内容有无机化学实验的基本操作和基本理论、元素及其化合物性质的验证实验，有玻璃棒、玻璃管的加工以及天平的使用、酸碱滴定、无机物的提纯和制备、常见离子的鉴定等。编入了部分课外实验内容，以增强趣味性。同时还编入了一些阅读材料，以扩大知识面。

本书另有实验报告与之配套。

本书可作为中等职业教育和高等职业教育化工类专业的无机化学实验教材。也可作为职业教育其他相关专业的化学实验教材。

图书在版编目（CIP）数据

无机化学实验/林俊杰编 . —2 版 . —北京：化学工业出版社，2007.4（2023.3重印）

中等职业学校规划教材

ISBN 978-7-122-00132-0

Ⅰ. 无…　Ⅱ. 林…　Ⅲ. 无机化学-化学实验-专业学校-教材　Ⅳ.O61-33

中国版本图书馆 CIP 数据核字（2007）第 036654 号

责任编辑：陈有华　　　　　　　　　　　文字编辑：汲永臻
责任校对：郑　捷　　　　　　　　　　　装帧设计：于　兵

出版发行：化学工业出版社（北京市东城区青年湖南街 13 号　邮政编码 100011）
印　　装：三河市延风印装有限公司
787mm×1092mm　1/16　印张 10¼　字数 171 千字　2023 年 3 月北京第 2 版第 16 次印刷

购书咨询：010-64518888　　　　　　　售后服务：010-64518899
网　　址：http://www.cip.com.cn
凡购买本书，如有缺损质量问题，本社销售中心负责调换。

定　　价：27.00 元　　　　　　　　　　　　　　　　版权所有　违者必究

前　　言

　　《无机化学实验》第一版自出版至今已重印多次，受到广大使用者的欢迎和好评。为了更好适应职业教育发展的需要，笔者根据多年教学实践对其进行了修订，修订后的本书具有以下基本特点。

　　1. 基本理论、元素及其化合物性质的验证实验是课堂内必须完成的实验，本书力求选用覆盖面宽、涉及面广的具有代表性的内容，以适应职业技术教育面临的学制短、课时紧的形势。

　　2. 为了使学生生动地开展第二课堂活动，本书提供了内容广泛、贴近生活、具有趣味性、易操作的课外实验。这些实验不仅有助于巩固已学过的知识，同时还可提高学生的学习热情和实验兴趣。

　　3. 为了扩大学生的知识面，鼓励学生探求知识的积极性，本书编入了较丰富的课外阅读材料。这些阅读材料涉及专业知识及应用，既有知识的深化，又有新技术的介绍。具有较好的可读性。

　　4. 无机物的提纯和制备是学生完善无机化学实验操作的重要内容，本书编入了较多量的提纯制备实验，以供各学校根据情况和条件进行选择。

　　本书的再版，自始至终得到了化学工业出版社、湖南化工职业技术学院以及该院化学工程系和实验实训中心的亲切关注、热情指点和鼎力支持。在此一并表示衷心感谢！

　　由于编者水平有限，书中不妥之处在所难免，敬请读者批评指正。

编者
2007 年 2 月

第一版前言

本书是根据全国化工中专教学指导委员会 1996 年 8 月颁发的《无机化学教学大纲》和《无机化学实验大纲》并结合当前中等职业学校教学改革的需求编写的。其目的在于加强无机化学的实验教学，完善实践性教学环节，体现职业教育的特色，强化职业能力的培养。其内容有无机化学实验的基本操作；配合课堂教学的基本理论和元素及其化合物性质的实验；综合性训练的玻璃管加工、分析天平操作、酸碱滴定、无机物的提纯和制备等。除此之外，还安排了一些贴近生活、具有趣味性、且易于操作的课外实验内容，为学生开展第二课堂的活动提供了一些可行的资料。同时将常见离子的鉴定方法及其操作程序汇于一处，以便于因专业要求不同进行不同的取舍。总之，在编写过程中，注重了理论和实际的联系；注重了对学生实际操作能力的培养；注重了学生已有知识的进一步巩固、拓宽和深化。

为了减轻学生的作业负担和教师批改实验报告的辛劳，特编有填充式"无机化学实验报告"与本书配套使用。

实验中的"仪器和药品"项内所列的仪器是除已成套配给学生的仪器以外的仪器。成套配给学生的仪器通常包括：试管、烧杯、量筒、表面皿、洗瓶、玻璃棒、滴管、漏斗、蒸发皿、坩埚、酒精灯、三脚架、铁架台、铁圈、石棉网、试管架、试管夹、镊子、药匙等。实验中所需材料（如砂纸、滤纸等）也一并列于"仪器"项内，各种试纸则归于"药品"项内。

本书中第二部分的实验中，配位化合物（实验九）的内容较少，而过渡元素（实验十）的内容较多，在实际进行中可将两实验结合起来做，以使实验内容和实验时间的关系协调。编写中，因考虑内容的独立性，没有将过渡元素的部分内容放在配合物的实验中。同时，各校还可以根据自己的特点和条件以及专业的需要，对各部分内容进行适当的增减取舍。

本书由林俊杰编写，陈东旭审阅。本书在编写过程中，得到了化学工业出版社和湖南省化学工业学校的大力支持。同时，湖南省化学工业学校实验科的老师及有关兄弟学校的老师提供了宝贵的意见。在此一并致谢！

由于编者水平有限，加之成书时间仓促，本书一定还有不少缺点和不足，敬请批评指正。

编者

2001 年 1 月

目　　录

第一部分 无机化学实验的基本知识及要求

无机化学实验的任务、要求和学习方法

无机化学实验是学习无机化学教学的重要环节。

一、无机化学实验的任务

（1）使学生正确掌握无机化学实验的基本操作。

（2）培养学生理论联系实际和分析问题、解决问题的能力。

（3）培养学生实事求是的科学态度和严谨的工作作风。

二、无机化学实验的基本要求

（1）学会选择和使用无机化学实验的常用仪器。

（2）学会常用玻璃仪器的洗涤方法。

（3）正确掌握加热、溶解、搅拌、沉淀、过滤、沉淀洗涤、蒸发、结晶、试剂的取用和称量、气体的制取和收集等基本操作。

（4）掌握密度计的使用、物质的量浓度等溶液的配制。

（5）学会正确观察和记录实验现象，根据原始记录书写实验报告，并逐步学会分析、解释实验现象。

（6）通过实验印证、巩固并加深理解课堂上学过的理论知识，熟练书写化学反应方程式。

（7）了解并严格遵守实验室各项规章制度。

三、无机化学实验的学习方法

1. 预习

充分预习是做好实验的重要保证。通过预习实验教材，搞清实验的目的、原理、内容、操作方法和注意事项，并做好预习笔记。

2. 实验

根据实验要求，严格遵守操作规程，细心操作，如实详细记录，认真思考每一现象产生的原因。

3. 书写实验报告

根据原始记录，联系理论知识，认真书写实验报告并按时交给指导教师；实验报告要求目的明确、文字简练、书写整洁、实事求是、解释清楚。

实验室规则

（1）实验前应认真预习，明确实验目的，了解实验原理、方法和步骤。实验开始

前，应先检查和清点所需的仪器、药品是否齐全。

（2）遵守纪律，不得无故缺席。实验时，必须保持安静，不得大声谈笑。集中精力，认真操作，仔细观察实验现象，并如实详细记录。

（3）随时保持实验台的整洁，用过的废纸、火柴杆等杂物，不要投入水池，应放到指定的废物箱中；具有腐蚀性的废液，应倒入废液缸内；破碎玻璃应放到废玻璃箱中。

（4）爱护国家财物，小心使用仪器和实验室设备，如有破损，需报告指导教师并请求补领；注意节约药品、水、电和燃料等。

（5）取用药品时，应按规定量取用；若未规定用量，应尽量少用；不要把药品撒落在实验台上，如有撒落，应立即清理干净；取用药品后，应将瓶盖盖好，放回原处；公用药品不得拿到自己实验台上；同一药匙（或滴管）在未洗净时，不得取用不同的试剂药品；未用完的药品不得放回原瓶中；需要回收的药品和废液，应倒入回收容器中。

（6）使用精密仪器时，必须严格按照操作规程在教师指导下进行操作。如仪器发生故障，应立即停止使用，报告指导教师，以便及时排除。

（7）实验结束，应将所用仪器洗刷干净，放回规定的位置，摆好试剂瓶和试管架，把实验台清理干净，关好水门、电源和煤气，经指导教师允许后，方可离开实验室。

（8）每次实验后，值日生要负责打扫和整理实验室，并检查水、电、煤气是否关好。值日生应最后离开实验室。

实验室安全注意事项

（1）必须熟悉实验室中水、电、煤气的总闸位置、万一遇到事故便可随时关闭。

（2）不要用湿的手和物接触电源。水、电、煤气和酒精灯一经用毕，应立即关闭。点燃的火柴杆用完后，应立即熄灭。

（3）实验室内严禁饮食和吸烟。实验完毕，必须把手洗净。

（4）不允许把各种药品任意混合，以免发生意外事故。

（5）产生氢气的装置要远离明火。点燃氢气前，应先检查氢气的纯度。

（6）一切有毒气体和有恶臭味物质的实验，都应在通风橱中进行。

（7）浓酸和浓碱具有强腐蚀性，使用时勿溅在眼睛、皮肤或衣物上。稀释浓硫酸时，应将其慢慢倒入水中，并不断搅拌，切勿相反进行，以免因局部过热使水沸腾，硫酸溅出造成灼伤。

（8）强氧化剂（如氯酸钾）和某些混合物（如氯酸钾与红磷、碳和硫等的混合物）易发生爆炸，保存和使用这些药品要注意安全。

（9）银氨溶液放久后会变成氮化银而引起爆炸，因此用剩的银氨溶液，必须酸化以便回收。

（10）钾、钠不要与水接触或暴露在空气中，应将其保存在煤油中，并用镊子取用。

（11）白磷有剧毒，能灼伤皮肤，切勿与人体接触。白磷在空气中能自燃，应保存在水中，使用时在水下切割，用镊子夹取。

（12）有机溶剂（如乙醇、乙醚、丙酮等）易燃，使用时要远离明火。用后把瓶塞塞紧，放阴凉处。

（13）一切有刺激性和有毒气体的制备和实验，都应在通风橱中进行。需要闻某些气体的气味时，不可将鼻孔直对容器口吸入，应使面部离容器一定距离，用手把少许气体扇向自己的鼻孔。如氯气有毒，吸入体内会刺激喉管，引起咳嗽和喘息；溴蒸气对人体气管、肺、眼、鼻、喉都有强烈的刺激性（不慎吸入，可吸入少量氨和新鲜空气解毒）；液体溴有很强的腐蚀性，能灼伤皮肤，严重时会使皮肤溃烂（使用时要带橡皮手套，溴水的腐蚀性比液体溴弱，但也要用吸管吸取，不要碰到皮肤上，若不慎碰到溴水，可用水冲，再用酒精洗）。

（14）可溶性汞盐、铬的化合物、氰化物、砷化物、铅盐和钡盐都有毒，不得入口或接触伤口，其废液也应统一回收处理。

（15）汞易挥发，会引起人体慢性中毒。使用时，如不慎撒落在地上应尽量收集起来，并用硫黄粉盖在撒落的地方。

（16）加热试管，管口不要指向自己或别人；倾注试剂或加热液体时，不要俯视容器，以防液体溅出伤人。

实验室中意外事故的处理

1. 玻璃割伤

在伤口上抹些药水，必要时撒些消炎粉并包扎。如被玻璃器皿扎伤，应先挑出伤口里的玻璃碎片，再行包扎。

2. 烫伤

切勿用水冲洗。在烫伤处用高锰酸钾或苦味酸稀溶液擦洗，然后搽上凡士林或烫伤油膏。

3. 受强酸腐蚀致伤

立即用大量水冲洗，然后用饱和碳酸氢钠溶液冲洗，最后再用水冲洗。若酸溅入眼内，先用大量水冲洗，再送医院治疗。

4. 受碱腐蚀致伤

立即用大量水冲洗，再用2％醋酸溶液或饱和硼酸溶液冲洗，最后用水冲洗。若碱溅入眼内，用硼酸溶液冲洗。

5. 受溴腐蚀致伤

先用苯或甘油洗，再用水洗。

6. 受白磷灼伤

用1％硝酸银溶液、1％硫酸铜溶液或高锰酸钾溶液洗后，进行包扎。

7. 吸入刺激性或有毒气体

吸入氯、氯化氢气体时，可吸入少量酒精和乙醚的混合蒸气使之解毒。吸入硫化氢气体而感到不适时，应立即到室外呼吸新鲜空气。

8. 毒物进入口内

将5～10mL稀硫酸铜溶液，加入一杯温开水中，内服后，用手指伸入咽喉部，促其呕吐，并立即送往医院。

9. 触电

首先切断电源，必要时施以人工呼吸。

10. 起火

既要灭火，又要防止火势蔓延（如切断电源，移走易燃品等）。一般小火，可用湿布、石棉布或沙子覆盖燃烧物，即可灭火。火势大时，可用泡沫灭火器。电器起火时，只能用四氯化碳灭火器灭火，而不能用泡沫灭火器，以免触电。衣服着火，应赶快脱下衣服或用石棉布覆盖着火处。

11. 对伤势较重者的处理

对伤势较重者应立即送医院。

无机化学实验的常用仪器

无机化学实验常用仪器的规格、用途以及注意事项如下表所示。

仪　　器	规　　格	用　　途	注意事项
试管　离心试管	分硬质试管，软质试管；普通试管，离心试管。普通试管以管口外径（mm）×长度（mm）表示。如：25×150；10×150等。离心试管以毫升数表示	用作少量试剂的反应容器，便于操作和观察。离心试管还可用于定性分析中的沉淀分离	可直接用火加热。硬质试管可以加热至高温。加热后不能骤冷，特别是软质试管更易破裂。离心试管只能用水浴加热
试管架	试管架有木质的、铝质的、硬质塑料的	试管架放试管用	
试管夹	由木料或粗钢丝制成	加热试管时夹试管用	防止烧损或锈蚀
毛刷	以大小和用途表示。如试管刷、滴定管刷等	洗刷玻璃仪器用	小心刷子顶端的铁丝撞破玻璃仪器
烧杯	以容积（mL）大小表示。外形有高、低之分	用作反应物量较多时的反应容器。反应物易混合均匀	加热时应放置在石棉网上，使受热均匀

续表

仪　器	规　格	用　途	注 意 事 项
圆底烧瓶	以容积(mL)表示	反应物多,且需长时间加热时,常用它作反应容器	加热时应放置在石棉网上,使受热均匀
蒸馏烧瓶	以容积(mL)表示	用于液体蒸馏,也可用于少量气体的发生	加热时应放置在石棉网上,使受热均匀
锥形瓶	以容积(mL)表示	反应容器。振荡很方便,适用于滴定操作	加热时应放置在石棉网上,使受热均匀
量筒	以所能量度的最大容积(mL)表示	用于量度一定体积的液体	不能加热。不能用作反应容器
容量瓶	以刻度以下的容积(mL)大小表示	配制准确浓度的溶液时用。配制时液面应恰在刻度上	不能加热。磨口瓶塞是配套的,不能互换,不要打碎
称量瓶	以外径(mm)×高(mm)表示。分"扁形"和"高形"两种	要求准确称取一定量的固体时用	不能直接用火加热。盖子和瓶子是配套的,不能互换

仪　器	规　格	用　途	注意事项
干燥器	以外径(mm)大小表示分普通干燥器和真空干燥器	内放干燥剂,可保持样品或产物的干燥	防止盖子滑动而打碎。红热的物品待稍冷后才能放入　未完全冷却前要每隔一定时间开一开盖子,以调节器内的气压
药匙	由牛角、瓷或塑料制成。现多数是塑料制品	拿取固体药品用。药匙两端各有一个匙,一大一小,根据取用药量多少选用	不能用以取灼热的药品
滴瓶　细口瓶　广口瓶	以容积(mL)大小表示	广口瓶用于盛放固体药品。滴瓶、细口瓶用于盛放液体药品。不带磨口塞子的广口瓶可作集气瓶	不能直接用火加热。瓶塞不要互换。如盛放碱液时,要用橡皮塞,不能用磨口瓶塞以免时间长了,玻璃磨口瓶塞被腐蚀粘牢
表面皿	以口径(mm)大小表示	盖在烧杯上,防止液体进溅或其他用途	不能用火直接加热
漏斗　长颈漏斗	以口径(mm)大小表示	用于过滤等操作。长颈漏斗特别适用于定量分析中的过滤操作	不能用火直接加热
吸滤瓶和布氏漏斗	布氏漏斗为瓷质,以容量(mL)或口径(cm)大小表示。吸滤瓶以容积大小表示	两者配套,用于无机制备中晶体或沉淀的减压过滤。利用水泵或真空泵降低吸滤瓶中压力以加速过滤	
分液漏斗	以容积(mL)大小和形状(球形,梨形)表示	用于互不相溶的液-液分离。也可用于少量气体发生器装置中加液	不能用火直接加热。磨口的漏斗塞子不能互换。活栓处不能漏液
蒸发皿	以口径(cm)或容积(mL)大小表示　有瓷、石英、铂等不同质地	蒸发液体用。随液体性质不同可选用不同质地的蒸发皿	能耐高温,但不宜骤冷。蒸发溶液时,一般放在石棉网上加热。也可直接用火加热

续表

仪　器	规　格	用　途	注意事项
坩埚	以容积(mL)大小表示 有瓷、石英、铁、镍或铂等不同质地	灼烧固体用。随固体性质之不同可选用不同质地的坩埚	可直接用火灼烧至高温。灼热的坩埚不要直接放在桌上,可放在石棉网上
泥三角	由铁丝弯成,套有瓷管 有大小之分	灼烧坩埚时放置坩埚用	
石棉网	由铁丝编成,中间涂有石棉 有大小之分	加热时,垫上石棉网,能使受热物体均匀受热,不致造成局部过热	不能与水接触,以免石棉脱落或铁丝锈蚀
铁夹 铁环 铁架		用于固定或放置反应容器。铁环还可以代替漏斗架使用	
三脚架	铁制品 有大小高低之分,比较牢固	放置较大或较重的加热容器	
研钵	以口径大小表示 有用瓷、玻璃、玛瑙或铁来制作的	用于研磨固体物质。按固体的性质和硬度选用不同的研钵	不能用火直接加热

仪　器	规　格	用　途	注 意 事 项
燃烧匙	铁制品或铜制品	检验物质可燃性用	
水浴锅	铜或铝制品	用于间接加热。也用于控温实验	

无机化学实验的基本操作

一、玻璃仪器的洗涤和干燥

1. 玻璃仪器的洗涤

为了使实验得到正确的结果，实验仪器必须洗涤干净。一般是根据实验要求和附着在仪器上污物的性质来确定洗涤方法。常用的洗涤方法如下。

（1）用毛刷就水刷洗，除去水溶物或附着在仪器上的尘土等。

（2）用水不能洗净时，可采用去污粉、肥皂或合成洗涤剂刷洗。先用少量水将仪器内壁润湿，再加入少量去污粉，用试管刷刷洗，然后用自来水冲洗干净。

（3）用上述方法不能洗净的仪器以及一些口小、管细的仪器（如滴定管、移液管），可用铬酸洗液洗。铬酸洗液由等体积的浓硫酸和饱和重铬酸钾溶液配制而成。它具有很强的氧化性，对有机物和油污的去除能力特别强。洗涤时，先往仪器中倒入少量洗液，将仪器倾斜并慢慢转动，使仪器内壁全部被洗液湿润。转几圈后，把洗液倒回原瓶内。然后用自来水把仪器壁上残留的洗液洗去。

铬酸洗液的吸水性强，应随时盖严洗液的瓶塞，以防吸水后降低去污能力。当洗液变为绿色时，就失去了去污能力，不能再用。铬酸洗液毒性较大、尽可能少用或不用。

（4）特殊物质的去除，要根据黏附在器壁上物质的性质，对症下药进行处理。例如，二氧化锰可用浓盐酸洗去。

洗净的仪器倒置时，水流尽后器壁不应挂水珠，至此可用少量蒸馏水或去离子水冲洗2～3次，以除去自来水带来的杂质。

凡已洗净的仪器，不可再用布或纸擦拭，以免将仪器弄脏。

2. 玻璃仪器的干燥

（1）加热烘干　洗净的仪器可放到烘箱内（控制 105℃ 左右）烘干；烧杯、蒸发皿亦可置于石棉网上用小火烘干；试管可直接用火烤干（图1），但试管口应略低于管底，以免水珠倒流炸裂试管。同时要不断转动试管，从试管底部开始烘烤，直至无水珠后，将管口朝上，赶尽水汽。

图 1 烤干试管

（2）晾干和吹干　将洗净的仪器倒置于干净的实验柜内或仪器架上晾干，或用吹风机吹干。

带刻度的计量仪器，不能用加热法干燥，除晾干、吹干外，还可借助于易挥发的有机溶剂（如酒精、酒精与丙酮的等体积混合物）来干燥。将适量的有机溶剂加入已洗净的仪器中，倾斜并转动仪器，使器壁上的水与有机溶剂互溶，然后倾出。残留在器壁上的少量混合物很快可挥发掉。

二、常用加热器具的使用

1. 煤气灯的使用

煤气灯是化学实验室最常用的加热器具，它由灯管和灯座组成（图2）。灯管下部有螺旋与灯座相连，还有几个圆孔，为空气入口。旋转灯管，即可完全关闭或不同程度的开启圆孔，以调节空气的进入量。灯座的侧面有煤气入口，可接上橡皮管把煤气导入灯内。灯座下面（或侧面）有一螺旋形针阀，用以调节煤气的进入量。

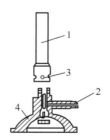

图 2 煤气灯的构造
1—灯管；2—煤气入口；3—空气
入口；4—螺旋形针阀

使用时，先关闭灯上的空气入口，有橡皮管连接灯和煤气管道上的出口，再开启煤气旋塞，最后点火。此时火焰呈黄色（系碳粒发光所产生的颜色），煤气燃烧的不完全，火焰温度不高。逐渐加大空气的进入量，煤气的燃烧逐渐完全。火焰一般分三层（图3）：内层（焰心），在这里煤气和空气进行混合，并未燃烧，温度低，约为300℃左右；中层（还原焰），这里煤气不完全燃烧，并分解为含碳的产物，所以，这部分火焰具有还原性，称为"还原焰"，温度较高，火焰呈淡蓝色。外层（氧化焰），这里燃气完全燃烧，过剩的空气使这部分火焰具有氧化性，称为"氧化焰"，温度最高，火焰呈淡紫色。实验时，一般都用氧化焰来加热。

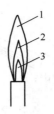

图 3　煤气灯火焰
1—氧化焰；2—还原焰；3—焰心

如果煤气或空气量控制不当，会出现"凌空火焰"与"侵入火焰"（图 4）。发生这种情况时，应把灯关闭，冷却后，重新调节和点燃。

(a) 正常火焰　　　(b) 凌空火焰　　　(c) 侵入火焰

图 4　火焰的性质

2. 酒精灯的使用

酒精灯是玻璃制的，带有磨口灯罩，不用时，盖上灯罩，以免酒精挥发。酒精的火焰温度可达 400～500℃。

使用酒精灯时，应注意下列问题。

（1）点燃　只能用火柴点燃，不允许用燃着的酒精灯去点燃另一盏酒精灯。否则，灯内酒精溢出，会引起火灾。

（2）熄灭　只能用灯罩灭火，不可用嘴去吹。

（3）添加酒精　不允许在燃着时添加酒精，必须先熄灭灯，再加酒精。加酒精时可借漏斗将酒精加入灯内（图 5）。灯内酒精量不宜超过其总容量的 2/3。

3. 水浴、沙浴和油浴的使用

当被加热物质要求受热均匀，而温度又不能超过 100℃时，可利用水浴。常用的铜质水浴锅，里面盛水。将水浴锅中水加热，产生的水蒸气加热放置在水浴锅铜圈上的器皿（图 6）。铜圈是一组大小不同的同心圈。根据器皿大小选用铜圈。水浴内盛水量，不应超过其容量的 2/3。根据情况添加水量，切勿烧干。

一般在试管中进行的某些实验，需用水浴加热时，也可用烧杯代替水浴锅加热（图 7）。

现在使用的恒温水浴，可自动恒温。使用这种水浴时，一定在加水后方可通电；用后必须将水放掉并擦干；还要保护好自控装置。

当被加热物质要求受热均匀，而温度又高于 100℃时，可使用沙浴（图 8）。它是一个铺有一层细沙的铁盘，被加热的器皿则放在沙上。需要测温时，把温度计插入沙中即可。

油浴与水浴类似，只是内装油。无机反应不常用，有机反应常用油浴。

4. 电炉的使用

电炉是实验室常用的加热设备。电炉的结构简单，电炉丝镶嵌在具有凹渠的耐火泥盘上，耐火泥盘固定在金属盘座上，图 9 就是一个普通的盘式电炉。

图 5　往酒精灯内添加酒精

图 6　水浴加热

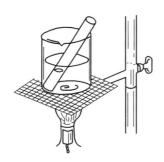

图 7　烧杯代替水浴加热

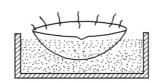

图 8　沙浴加热

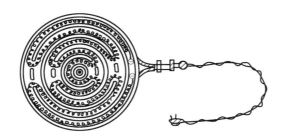

图 9　盘式电炉

电炉以发热量不同而有如下规格：300W、800W、1000W、1500W 和 3000W 等。

有一种电炉叫万用电炉，其发热量是可调节的，使用较为方便。一般电炉可在电源和电炉之间接入一个调压器，通过调节电压来控制电炉的发热量。

使用电炉时应注意：①电炉的连续使用时间不要太长，过长会缩短电炉的寿命；②耐火炉盘应经常保持清洁，及时清除杂物；③不要使反应器与电炉丝接触。

三、加热操作

无机化学实验中，烧杯、试管、瓷蒸发皿等常作为加热的容器。它们可以承受一定的温度，但不能骤热或骤冷。因此，加热前，必须将器皿外壁的水擦干，加热后，不能立即与潮湿的物体接触。

加热液体时，液体量一般不宜超过容器总容量的一半。

1. 加热烧杯、烧瓶中的液体

玻璃仪器必须放在石棉网上（图10），否则容易因受热不均而破裂。

2. 加热试管中的液体

试管中的液体可直接在火焰上加热（图11）。

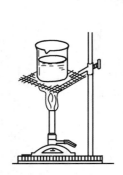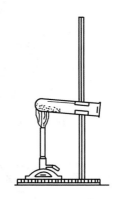

图 10　加热烧杯中的液体　　　图 11　加热试管中的液体　　　图 12　加热试管中的固体

在火焰上加热试管时，应注意以下几点。

（1）用试管夹夹持试管的中上部。

（2）试管应稍微倾斜，管口向上，以免烧坏试管夹或烤痛手指。

（3）应使液体各部分受热均匀，先加热液体的中上部，再慢慢往下移动，同时不停地上下移动，不要集中加热某一部分，否则将使液体局部受热，骤然产生蒸气，使液体冲出管外。

（4）不要将试管口对着别人或自己，以免溶液溅出造成烫伤。

3. 加热试管中的固体

将固体在试管底部铺匀，管口略向下，以免凝在试管上的水珠流到灼热的管底，而使试管炸裂。试管可用试管夹夹住，也可用铁夹固定。加热时，移动火焰，先把试管的中下部加热一下，然后再在试管中固体下面加热（图12）。

四、化学试剂的取用与称量

1. 液体试剂的取用

（1）从滴瓶取液体时，要用滴瓶中的滴管，不要用别的滴管，吸有液体的滴管不能倒置，不要与接收器的器壁接触（图13），更不应把滴管伸入到其他液体中。滴管一经用完，应立即插回原来的滴瓶中，而不能放到其他地方。

（2）从细口瓶中取用液体试剂用倾注法（图14）。先将瓶塞取下，仰放在桌面上，手握住试剂瓶贴标签的一面，逐渐倾斜瓶子，让试剂沿器壁或沿着玻璃棒流入容器。倒完后，将试剂瓶口在容器上靠一下，再逐渐竖起瓶子，以免遗留在瓶口的液滴流到瓶子外壁。倒入容器的液体不应超过容器容量的2/3。加入试管的液体，不超过试管容量的1/2。

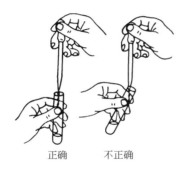

正确　　　不正确

图 13　用滴管将试剂加入试管中

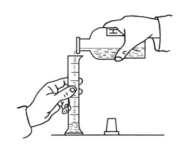

图 14　倾注法

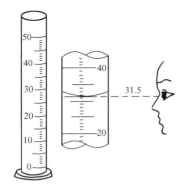

图 15　观看量筒内液体的体积

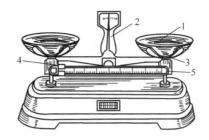

图 16　台秤（托盘天平）

1—托盘；2—指针；3—调节零点的螺丝；
4—游码；5—刻度尺（每一大格为 1g，
每一小格为 0.1g）

（3）在不需要准确地量取试剂时，不必每次都用量筒，只要学会估计从瓶内取用液体的量即可。为此，必须知道 1mL 液体相当于多少滴；5mL 液体占一个试管（13mm×100mm）容量的几分之几等。学生应反复练习估量液体的操作，直到熟练掌握为止。

（4）需要较准确地量取试剂时，要用量筒量取。量筒的容量有 10mL、25mL、50mL、100mL 等，根据需要来选用。量取液体时，要使视线与量筒内液体的弯月面的最低位置保持水平（相切），偏高或偏低都会读不准，而造成较大的误差（图 15）。

2. 固体试剂的取用

（1）用干净的药匙取试剂。一般药匙的两端分别为大小两个匙，分别用于取用不同量的固体。要注意每种试剂专用一个药匙，并保持其干燥洁净。

往未干燥的试管中加入固体试剂时，可将试管倾斜至近水平，然后把药品放在药匙里或对折的纸片上，伸进试管约 2/3 处倒入。如果是块状固体，应将试管倾斜，使固体沿管壁慢慢滑下，以免碰破管底。

（2）要较准确地取用一定量的固体，可用台秤称取，一般台秤能称至 0.1g。台秤的构造如图 16 所示。

使用前，应先将游码拨至刻度尺左端"0"处，观察指针的摆动情况。若指针在刻度尺左右两端摆动的距离几乎相等（此时指针休止点叫零点），表示台秤可以使用；若指针在刻度尺左右摆动的距离相差很大，则应用调节零点的螺丝调准零点后方可使用。

称量时，被称的物品放在左盘，砝码放在右盘。加砝码时，先加大砝码，再加小砝码，最后（在 10g 以内）用游码调节，至指针在刻度尺左右两端摆动的距离几乎相等为止。把砝码和游码的数值加在一起，就是托盘中物品的质量。但要注意，不可把药品直接放在托盘内（而应放在纸上）称量，潮湿的或具腐蚀性的药品应放在已称过质量的洁净干燥的容器（如表面皿、小烧杯等）中称量；不可以把热的物品放在台秤上称量；称量完毕，要把砝码放回砝码盒，将游码退到刻度"0"处，将台秤清扫干净。

台秤又叫托盘天平。

五、沉淀的过滤和洗涤

过滤一般是指将悬浮在液体中的固体颗粒分离出来的操作。

1. 常压过滤

常压过滤器是贴有滤纸的玻璃短颈漏斗。过滤前，按图 17 所示的方法将滤纸对折两次（如滤纸不是圆形的，此时将其剪成扇形）。拨开一层即成内角为 60°的圆锥形（玻璃漏斗内角也应为 60°），并在三层的那一边撕去一小角，使其与漏斗紧密贴合。放入漏斗的漏纸的边缘应低于漏斗边缘 0.3～0.5cm。左手拿漏斗并用食指按住滤纸，然后右手拿洗瓶，挤出少量蒸馏水，使滤纸润湿，并用洁净的手指轻压，挤尽漏斗与滤纸间的空气泡，以使过滤通畅。

图 17 滤纸的折叠与装入漏斗

将贴好滤纸的漏斗放在漏斗架上，并使漏斗颈下部尖端紧靠于接收容器的内壁（图 18）。

为加快过滤操作，一般采用倾析法过滤。过滤前，静置溶液，使沉淀沉降。过滤时，先将上层清液沿玻璃棒倾入漏斗中（液面应低于滤纸边缘约 1cm），再把沉淀转移到滤纸上。这样就不会因沉淀物堵塞滤纸孔而减慢过滤速度。转移完毕，从洗瓶中挤出少量蒸馏水，淋洗盛放沉淀的容器和玻璃棒，洗水全部转入漏斗中。

2. 减压过滤

减压过滤就是在过滤介质（如滤纸）下面抽气，借大气压力来加快过滤速度的一种过滤方法。减压过滤装置（图 19）由布氏漏斗、吸滤瓶、安全缓冲瓶、真空抽气泵（或水泵）组成。

吸滤瓶是能承受一定压力、上部带有支管的锥形瓶，用以接受滤液。

布氏漏斗是中间具有许多小孔的瓷质滤器。漏斗颈上装有与吸滤瓶口径相匹配的橡皮塞子，塞子塞入吸滤瓶的部分，一般不得超过二分之一。

吸滤瓶的支管用橡皮管与安全瓶短管相连，安全瓶的长管则与水泵相接。安全瓶是用来防止因水压降低而使自来水溢入吸滤瓶内污染滤液的装置。如果滤液不需回收，也可不设安全瓶。

图 18　常压过滤

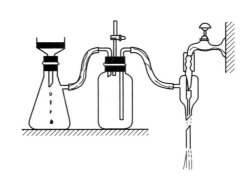

图 19　减压过滤装置

减压过滤时，布氏漏斗上多铺用滤纸。滤纸应剪成圆形，其直径应略小于布氏漏斗的内径，并能将小孔全部遮盖，过大折到漏斗壁上会造成漏料和漏气。滤纸铺好后，用少量蒸馏水或滤液润湿，微启水泵抽气，使滤纸贴紧，同时检查有无漏气现象，然后将要过滤的溶液倒入布氏漏斗，其量不得超过漏斗容量的三分之二。开大水门进行抽滤。

吸滤过程中不得突然关闭水门。如需取出滤液或停止吸滤，应先打开装在缓冲瓶（安全瓶）塞子上的单向开关，拆下抽滤瓶，然后再关闭水门，以防自来水溢入瓶中（倒吸）。

3. 沉淀的洗涤

过滤后，有时需要洗涤沉淀，以除去固体颗粒表面的母液。通常用蒸馏水洗涤。但在水中溶解度大或易于水解的沉淀就不宜用水而需用与沉淀具有相同离子的溶液洗涤，这样可以减少沉淀在洗涤过程中由于溶解或水解而造成的损失。

沉淀的洗涤应本着少量、多次的原则。每次加入的洗涤液滤完后，再加第二次洗涤液，直至符合要求为止。

密度或结晶颗粒较大，静置易于沉降的沉淀，可采用倾析法洗涤（图 20）。沉淀充分沉降后，将上层清液沿玻璃棒小心倾入另一容器中，或倾去。然后，加入洗涤液，充分搅拌，沉降，倾去洗涤液。这样重复数次，即可将沉淀洗净。

图 20　倾析法洗涤

图 21　电动离心机

用倾析法洗涤沉淀的优点是：沉淀和洗涤液能充分混合，杂质容易洗尽。

六、离心分离

试管中少量溶液与沉淀的分离，常采用离心分离的方法。这种方法是借助于离心机完成的，其操作简单而迅速。实验室有手摇离心机和电动离心机两种，目前大都使用电动离心机（图 21）。

进行离心操作的试管必须是离心试管。把装有欲分离物料的离心试管放入离心机的套管内，各试管位置要对称，以使它们在离心机内保持重量平衡。否则易损坏离心机的轴。如果只有一支试管需要分离，则需另取一支大小相等并盛有等体积水的离心试管，放入离心机内的对称位置，以保持平衡。盖上离心机上的盖子，打开旋钮接通电源，启动要缓慢，随后逐渐加速。一般的离心分离，旋转速度不要太快。离心的时间应根据沉淀的性质来决定。无机物性质实验通常 1～2min 即可。关闭电源以后，应让离心机自然停止旋转，不应加外力使其突然停止，否则，易使离心机损坏，并且容易发生危险。

通过离心作用，沉淀就紧密地聚集在离心试管的底部。用胶帽滴管将上层清液吸出即可。沉淀如需洗涤，可加入少量洗涤液，充分振摇后，再进行离心分离，重复上述操作 2～3 次。

七、石蕊试纸和 pH 试纸的使用

（1）用石蕊试纸检查溶液的酸碱性时，可先将石蕊试纸剪成小块，放在干燥清洁的表面皿上，再用玻璃棒蘸取待测的溶液，滴在试纸上，于 30s 以内观察试纸的颜色（酸性湿红色，碱性显蓝色）变化。不得将试纸投入溶液中进行试验。

检查挥发性物质的酸碱性时，可先将石蕊试纸用蒸馏水润湿，然后悬空放在气体出口处，观察试纸颜色变化。

（2）使用 pH 试纸的方法与使用石蕊试纸大致相同，差别在于：当 pH 试纸显色后半分钟以内，需将所显示的颜色与标准色标相比较，方能知道其具体的 pH 数值。广泛 pH 试纸的色阶变化为"1"个 pH 单位；精密 pH 试纸的色阶变化小于"1"个 pH 单位。

（3）试纸应密闭保存，不要用沾有酸性或碱性的湿手去取试纸，以免变色。

阅读材料

化学试剂的等级与分类

化学试剂是科研和生产中所使用的化学药品。化学试剂的生产和经营也是国民经济中的一个重要行业。化学试剂是有严格质量标准的，由于试剂的品种多、门类多，故化学试剂的标准也是多种多样的。化学试剂标准的制定都是以应用为依据的。通常，纯度越高的化学试剂，其制备程序就越复杂，成本就越高，因此价格就越昂贵。我们选择化学试剂，必须根据科研和生产项目的要求来考虑，不要一味地追求使用高纯度的化学试剂，否则会造成不必要的浪费而提高了项目的成本。

按照用途的不同，化学试剂的质量标准不同，这样就产生了化学试剂的等级。不同等级的同一种化学试剂其质量（杂质含量的多少）不同，同一等级的不同和化学试剂的质量也不完全相同，即便是同一等级的同一种化学试剂，由于生产的厂家不同，批次不同，其质量也不尽相同。

为了保证科研成果和生产产品的质量，使用的化学试剂就必须符合一定的规格。我国对于化学试剂的规格大致有高纯、光谱纯、优级纯、分析纯、化学纯等。国家对生产出厂的化学试剂颁布具体指标要求的是后面三种。国家对化学试剂颁布的标准如下。

（1）优级纯　即一级品。纯度最高，适用于精密的分析工作和科研工作。

（2）分析纯　即二级品。纯度较一级品略低，适用于重要的分析工作。

（3）化学纯　即三级品。纯度与二级品相差较大，适用于工矿及学校的一般教学实验和分析工作。化学试剂的等级及其包装标志和符号参见下表。

我国化学试剂的等级标志

级　别	一级品	二级品	三级品		
中文标志	保证试剂,优级纯	分析试剂,分析纯	化学纯	实验试剂,医用	生物试剂
代号	G. R.	A. R.	C. P.	L. R.	B. R. 或 C. R.
瓶签颜色	绿色	红色	蓝色	棕(或其他)色	黄(或其他)色

我们只要看到瓶签上的其中一种标志,就可以断定化学试剂的级别了。近年来,有的化学试剂去掉了颜色标志,只用文字和符号来标明。

由于科学技术发展的特殊需要,如电子工业的原料、光学材料、单晶、光导纤维、高能电池等,对化学试剂提出了比保证试剂纯度更高的要求,这类化学试剂统称为高纯试剂。目前这类产品质量标准还不太统一,名称上除了叫做高纯外,还有的叫做超纯、特纯、光谱纯等。这种产品是用成本非常高的方法生产出来的。

化学试剂分类的方法可以是多种形式的,也就是说可以从不同角度给化学试剂进行分类。为了便于学习,加强与理论基础化学的联系,常把化学试剂分为金属、非金属和化合物。具体说是金属(如铜)、非金属(如磷)、氧化物(如氧化钙)、氢化物(如氢化锂)、卤化物(如氯化铁)、含氧酸(如硫酸)、含氧酸盐(如硝酸钾)、硫化物(如硫化汞)、氮化物(如氮化镁)、碳化物(如碳化钙)、配合物(如氯铂酸钾)等。

如果按用途进行分类,则可把化学试剂分为溶剂试剂(如焦硫酸钾)、分离试剂(如硫化钠)、检验试剂(这类试剂很多,如用于分析中的大量试剂)、辅助试剂(如配位剂、缓冲试剂、指示剂等)。

如果从保管角度进行分类,化学试剂则可分为非危险品和危险品。这种分类主要是为突出危险试剂的危险性,以利妥善保管和正确使用。危险试剂大致有易燃试剂(如白磷)、易爆试剂(如高氯酸)、毒性试剂(如氰化钾)、强腐蚀剂(如浓硫酸)、强氧化剂(如高锰酸钾)、放射性试剂(如醋酸铀酰锌)等。

第二部分 无机化学实验

实验一 实验准备及溶液的配制[1]

一、目的要求
1. 领取并认识无机化学实验的常用仪器。
2. 练习玻璃仪器的洗涤。
3. 熟悉铬酸洗液的配制。
4. 熟悉通用密度计的使用。
5. 学会物质的量浓度溶液的配制方法。

二、仪器和药品

1. 仪器

常用仪器一套　台秤　密度计

2. 药品

H_2SO_4（浓）　　$K_2Cr_2O_7$（固体）　　NaOH（固体）　　$CuSO_4 \cdot 5H_2O$（固体）

三、实验内容

1. 领取仪器

（1）领取常用仪器一套，开列清单，办理领取手续。

（2）认识所领取的常用仪器。

2. 玻璃仪器的洗涤

（1）用毛刷、自来水刷洗试管、烧杯、量筒、表面皿、漏斗等玻璃仪器，将水沥干，并整齐摆放在实验柜内。

（2）取两支试管，就自来水刷洗后，倒置，观察洗净程度。再用洗衣粉或肥皂水刷洗内外壁，观察洗净程度。最后用去离子水或蒸馏水冲洗两次，每次用水 2～3mL。将洗净的试管倒放于试管架上。

（3）用上述方法洗涤烧杯、表面皿、量筒、漏斗。

3. 铬酸洗液的配制[2]

称取研细的 $K_2Cr_2O_7$ 固体 20g 于 500mL 烧杯中，加入约 20mL 水，搅拌，使 $K_2Cr_2O_7$ 尽量溶解，然后慢慢加入 360～400mL 浓硫酸，搅匀。待冷却后倒入试剂瓶

---

❶　实验前请认真预习本教材第一部分的"无机化学实验的常用仪器"及"玻璃仪器的洗涤和干燥"。

❷　铬酸洗液由浓硫酸和 $K_2Cr_2O_7$ 配制而成，平时称洗液。它对有机物及油污的洗涤能力很强，但它又具有强酸性、强氧化性和强腐蚀性，所以，配制和使用时都要特别小心，防止损坏衣物和灼伤皮肤。铬酸洗液因毒性较大，近年来多以合成洗涤剂等有机试剂溶液或溶剂来去除油污，尽可能少用铬酸洗液。但有时遇到顽固性污迹仍要用到铬酸洗液。

中，盖上瓶盖，防止洗液吸水而失效。

铬酸洗液可反复使用，用后仍倒回瓶内，直至洗液变为绿色时即失效不再具有洗涤去污能力。若不需这么多量的洗液，配制时，上述所取 $K_2Cr_2O_7$、水和浓硫酸可成比例减少。为保证洗液质量，水应尽量少加，若 $K_2Cr_2O_7$ 未溶完，可小心将烧杯置于石棉网上适当加热。

4. 10％NaOH 溶液的配制

（1）计算配制 100g 10% NaOH 溶液所需 NaOH 固体和水的质量。

（2）取一干燥洁净的小烧杯在台秤上称量其质量，接着在台秤右盘中添加 10g 砝码，在台秤左盘的烧杯中添加 NaOH 固体至台秤平衡。取下烧杯，将砝码放回原处。

（3）用量筒量取 90mL 水（水的密度按 $1g \cdot mL^{-1}$ 计）倒入已装有 10g NaOH 固体的烧杯中，搅拌，使其溶解。所得溶液即 100g 10% NaOH 溶液。待其冷却后，倒入指定的试剂瓶中。

5. $3mol \cdot L^{-1}$ H_2SO_4 溶液的配制

（1）通用密度计的使用　通用密度计是用于测量液体密度的通用浮计。浮计是一种在液体中能垂直自由漂浮并由它浸没于液体中的深度来直接测量液体（或溶液）密度的仪器。

玻璃浮计由躯体、压载物和干管三部分组成（图 22）。

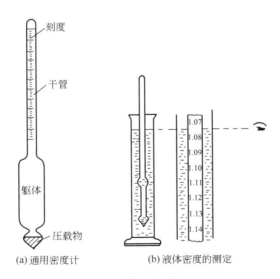

(a) 通用密度计　　　　(b) 液体密度的测定

图 22　液体密度的测定

躯体是浮计的主体部分，它是底部为圆锥形或半球形（防止附着气泡）的圆柱体。

压载物是为调节浮计质量使其垂直稳定漂浮的装在躯体最底部的材料（通常是水银或铅粒）。

干管是熔接于躯体上部的顶端密封的细长圆管。

固定在干管内的一组有序的指示不同量值的刻线标记，称为浮计的刻度。刻度值自上而下逐渐增大，可读至小数点后第三位数（通常只读至小数点第二位就行了）。

密度计分别具有不同的量程。一定量程的密度计即只能测定一定范围的密度。使用时，要根据液体密度的不同，选用不同量程的密度计（通常分为密度大于 1 和密度小于 1 的量程）。

使用密度计时还必须注意以下几点：①被测液体的深度一定要够；②要小心将密度计插入被测液体中，待平稳后再放手，防止密度计与容器壁相碰而被损坏；③不要甩动密度计，用过后要将密度计洗净、擦干，放回盒内。

（2）浓硫酸密度的测定　取 100mL 以上的量筒，注入浓硫酸，选择合适量程的密度计，慢慢插入浓硫酸中，用手扶住密度计上端，等密度计完全稳定时再放手。从液体凹面处的水平方向，读出密度计刻度上的读数，即为该浓硫酸的密度。再从附录二中查出浓 H_2SO_4 的质量分数和物质的量浓度。

其他液体或溶液密度的测定与上述方法类同。

（3）配制 100mL $3mol \cdot L^{-1}$ H_2SO_4 溶液　根据上面所查得的浓硫酸的物质的量浓度，利用稀释公式 $c_1V_1 = c_2V_2$，计算配制 100mL $3mol \cdot L^{-1}$ H_2SO_4 溶液所需浓硫酸的体积。用量筒量取所需的浓 H_2SO_4，沿玻璃棒慢慢倒入已盛有约 $30 \sim 40mL$ 去离子水或蒸馏水的具有刻度的烧杯中，加水至 100mL 刻度，搅匀。冷却后倒入指定的试剂瓶中。

6. $0.1mol \cdot L^{-1}$ $CuSO_4$ 溶液的配制

计算配制 100mL $0.1mol \cdot L^{-1}$ $CuSO_4$ 溶液所需要的 $CuSO_4 \cdot 5H_2O$ 的质量 $\left(c = \dfrac{n}{V} = \dfrac{m/M}{V} = \dfrac{m}{VM} \quad m = cVM \right)$。

在台秤上用已称质量的表面皿称取所需的 $CuSO_4 \cdot 5H_2O$，放入 100mL 烧杯中，加入适量水（约 50mL），搅拌，使其溶解后，再加水至 100mL 刻度，搅匀。倒入所指定的试剂瓶中。

四、思考题

1. 洗涤玻璃仪器时，通常用作洗涤的液体有哪些？一般原则是什么？

2. 铬酸洗液是由什么配制的？如何配制？铬酸洗液在什么样的情况下使用？

3. 用台秤称量固体试剂时应注意什么？称量 NaOH 固体时，为什么不能在托盘上直接称量或用纸盛被称量的 NaOH 固体？

4. 如何使用密度计？

5. 浓硫酸的稀释有何规则？怎样用浓硫酸配制 500mL $0.2mol \cdot L^{-1}$ H_2SO_4 溶液？

课外实验

神秘的酒壶

一、仪器和药品

瓷壶（酒壶）1 把　玻璃杯 4 个　酚酞试液　Na_2CO_3（粉末）　$NaHSO_4$（粉末）

二、实验准备

事先在酒壶中装入凉开水或温开水，在第一个玻璃杯中放入少量（约 $1 \sim 1.5g$）

Na_2CO_3 粉末（散铺于杯底），在第二个玻璃杯中滴入 2～3 滴酚酞试液，在第三个玻璃杯中放入少量（约 1.5～2g）$NaHSO_4$ 粉末（同样散铺于杯底），第四个玻璃杯空着以待用。将装有"酒"——白开水的酒壶和 4 个玻璃杯置于操作台上。

三、操作过程

将酒壶中的"白酒"倒入第四个玻璃杯中，举起（可喝上一小口），以证明倒出的是白酒。再把第四个玻璃杯中的"白酒"分别倒于另外 3 个玻璃杯中，轻轻摇动每个玻璃杯。然后把第一和第二个玻璃杯中的"白酒"倒回酒壶内，轻轻摇动酒壶，又将壶中的"酒"倒于 3 个空着的玻璃杯或其中的 1 个玻璃杯中。最后将所有玻璃杯（包括第三个玻璃杯）中的"酒"都倒回酒壶中，轻轻摇动酒壶后重又倒回玻璃杯中。

四、现象及说明

第一次从酒壶中倒入第四个玻璃杯中的"白酒"是干净的开水，分别倒于 3 个玻璃杯后，第一个玻璃杯中的 Na_2CO_3 和第三个玻璃杯中的 $NaHSO_4$ 便被溶解而成为溶液，第二个玻璃杯中仍然是被稀释了的酚酞试液。3 个玻璃杯中的液体都是无色透明的，仍可视为"白酒"。将第一、二玻璃杯中的"白酒"倒回壶中，则被混合为含酚酞的 Na_2CO_3 溶液，由于 Na_2CO_3 水解使溶液显碱性，遇酚酞变为红色，再从酒壶中倒出来，便成为红色的"葡萄酒"了。最后将所有液体倒回酒壶中，由于 $NaHSO_4$ 溶液中的 HSO_4^- 电离产生了较多的 H^+，中和掉了 Na_2CO_3 水解所产生的碱性，使酚酞褪色，这样重新倒出来的"酒"又成为无色透明的"白酒"了。

阅读材料

标准溶液和非标准溶液

由化学试剂配制出来的溶液，大致可以分为两大类型：一类是非标准溶液，一类是标准溶液。非标准溶液通常是用来控制化学反应的条件，对其浓度的要求不十分严格，就是不要求具有十分准确浓度的溶液。如本实验中用量筒取浓硫酸配制出的 3mol·L^{-1} H_2SO_4 溶液，用台秤称取胆矾配制出的 0.1mol·L^{-1} $CuSO_4$ 溶液都是非标准溶液。首先它们的浓度不十分准确，其次配制这些溶液的称量工具也不十分精密。

标准溶液是一种用来测定物质含量的溶液，它必须具有十分准确的浓度。所谓标准溶液，就是一种已知准确浓度的溶液。它要求浓度必须准确到小数点后第四位，例如，0.1138mol·L^{-1} Na_2CO_3 溶液。这么准确浓度的标准溶液不是任何化学试剂都可以用来直接配制的，它必须符合一定的条件。能够用来直接配制标准溶液或标定（准确测定）标准溶液浓度的物质，称为基准物质或标准物质。符合下列要求的物质方可作为基准物质：

（1）组成必须与化学式完全相符（包括结晶水）；

（2）纯度必须足够高，一般在 99.9% 以上，杂质含量不仅应该很低，而且不能影响测定的准确度；

（3）在通常情况下应该很稳定；

（4）应该有较大的化学式量，这样可以降低称量误差；

（5）应按化学方程式进行定量反应，无副反应。

常用的基准物质有 $Na_2CO_3·10H_2O$、$Na_2B_4O_7·10H_2O$、$H_2C_2O_4·2H_2O$、$K_2Cr_2O_7$、$CaCO_3$ 等。那些易吸潮和吸收空气或其他气体的物质、易挥发的物质、易分解和不易提纯的物质均不能作为基准物质。

配制标准溶液必须准确称量基准物质，一般要准确称至 0.1mg。同时要使用具有准确体积的容量瓶。例如，要配制 100mL 0.1000mol·L^{-1} $\frac{1}{6}K_2Cr_2O_7$（基本单元为 $\frac{1}{6}K_2Cr_2O_7$）溶液：准确称取 0.4903g $K_2Cr_2O_7$ 固体于小烧杯中以少量水溶解后，再转入 100mL 容量瓶中（包括转移后冲洗烧杯的溶液），最后以水冲稀至刻度。

　　一些不能直接用来配制标准溶液的物质，若要配制成标准溶液，可先将其配制成近似所需浓度的溶液，然后用基准物质或用已经被基准物质标定过的标准溶液来标定它的准确浓度。如要配制 $0.1 \text{mol} \cdot \text{L}^{-1}$ HCl 溶液。因为浓盐酸易挥发，不能直接用来配制标准溶液，我们可以先用浓盐酸稀释配成浓度大约是 $0.1 \text{mol} \cdot \text{L}^{-1}$ 的稀溶液，然后用一定量的基准物质（如 Na_2CO_3 或硼砂）进行标定，或者用已知准确浓度的 NaOH 标准溶液进行标定，这样便可求出 HCl 标准溶液的准确浓度。

实验二　碱金属、碱土金属、卤素及其重要化合物

一、目的要求

1. 掌握钾、钠、镁的还原性及其性质变化规律。
2. 熟悉钠、镁、钙、钡一些重要化合物的性质。
3. 熟悉钾、钠、钙、锶、钡的焰色及焰色反应的操作。
4. 比较卤素单质的氧化性和卤离子的还原性。
5. 了解次氯酸盐和氯酸盐的氧化性。
6. 掌握卤离子和 Ba^{2+} 的检验方法。

二、仪器和药品

1. 仪器

铂丝　钴玻璃片　砂纸　滤纸　小刀　火柴

2. 药品及试剂

钠　钾　镁条　酚酞试液　HCl（$2\text{mol} \cdot \text{L}^{-1}$，浓）　$BaCl_2$（$0.5\text{mol} \cdot \text{L}^{-1}$）　$CaCl_2$（$0.5\text{mol} \cdot \text{L}^{-1}$）　$MgCl_2$（$0.5\text{mol} \cdot \text{L}^{-1}$）　NaOH（$2\text{mol} \cdot \text{L}^{-1}$）　Na_2CO_3（$0.5\text{mol} \cdot \text{L}^{-1}$）　HAc（$2\text{mol} \cdot \text{L}^{-1}$）　Na_2SO_4（$0.5\text{mol} \cdot \text{L}^{-1}$）　HNO_3（$3\text{mol} \cdot \text{L}^{-1}$，浓）　NaCl（$0.1\text{mol} \cdot \text{L}^{-1}$，$0.5\text{mol} \cdot \text{L}^{-1}$，固）　KCl（$0.5\text{mol} \cdot \text{L}^{-1}$）　$SrCl_2$（$0.5\text{mol} \cdot \text{L}^{-1}$）　KBr（$0.1\text{mol} \cdot \text{L}^{-1}$，固）　氯水　溴水　CCl_4　KI（$0.1\text{mol} \cdot \text{L}^{-1}$，固）　淀粉溶液　醋酸铅试纸　淀粉-碘化钾试纸　$NH_3 \cdot H_2O$（浓）　pH 试纸 品红试液　$KClO_3$（饱和溶液）　H_2SO_4（浓）　$AgNO_3$（$0.1\text{mol} \cdot \text{L}^{-1}$）

三、实验内容

1. 钠、钾、镁的性质

（1）钠与氧的作用及 Na_2O_2 的性质　用镊子夹取一小块金属钠，用滤纸吸干其表面的煤油，用小刀切开，观察断面的颜色，并继续观察断面颜色的变化。写出反应方程式。

除去金属钠表面的氧化层，立即放入坩埚中加热。当金属钠开始燃烧时，停止加热。观察反应情况和产物的颜色、状态。写出反应方程式。

将上述反应产物转入干燥试管中，加入少量水（反应放热，宜将试管下部插入冷水中）。用火柴余烬检验试管口是否有 O_2 产生，以酚酞试液检验试管内水溶液是否呈碱性。写出反应方程式。

（2）金属镁在空气中燃烧及 MgO 的性质　取一小段镁条，用砂纸擦去其表面的氧

化膜，点燃，观察燃烧情况和产物的颜色、状态。写出反应方程式。

将金属镁燃烧后的产物收集于试管中，试验其在水中和在 $2mol \cdot L^{-1}$ HCl 溶液中的溶解性。写出有关的反应方程式。

（3）钠、钾与水的作用❶　分别取绿豆大小的金属钠和钾，用滤纸吸干其表面的煤油，再分别放入盛有水的小烧杯中（事先滴入 1 滴酚酞试液），将一合适漏斗分别倒扣在烧杯上。观察两者反应情况有何差别和水溶液的颜色。写出反应方程式。

（4）金属镁与水的作用　取一小段镁条，用砂纸擦去其表面的氧化膜后放入试管中，加入少量冷水，观察反应情况。然后将试管加热，观察镁条在沸水中的反应情况。写出反应方程式。

2. 钡、钙、镁氢氧化物的生成和性质

在 3 支试管中分别加入 1mL $0.5mol \cdot L^{-1}$ $BaCl_2$、$CaCl_2$、$MgCl_2$ 溶液，然后各加入 1mL 新配制的 $2mol \cdot L^{-1}$ NaOH 溶液。观察现象，并根据 3 支试管中生成沉淀的量，比较 3 种氢氧化物溶解度的相对大小。

弃去上述有沉淀的试管中的上层清液，分别试验沉淀与 $2mol \cdot L^{-1}$ HCl 溶液的作用。写出有关的反应方程式。

3. 钡、钙、镁的常见难溶盐的生成和性质

（1）碳酸盐的生成和性质　在 3 支试管中，分别加入 0.5mL $0.5mol \cdot L^{-1}$ $BaCl_2$、$CaCl_2$、$MgCl_2$ 溶液，再各加入 0.5mL $0.5mol \cdot L^{-1}$ Na_2CO_3 溶液，观察沉淀的生成和颜色，写出反应方程式。弃去上层清液，试验沉淀对 $2mol \cdot L^{-1}$ HAc 溶液的作用。写出反应方程式。

（2）硫酸盐的生成和性质　在 3 支试管中，分别加入 $0.5mol \cdot L^{-1}$ $BaCl_2$、$CaCl_2$、$MgCl_2$ 溶液 1mL，再各加入 $0.5mol \cdot L^{-1}$ Na_2SO_4 溶液 1mL，观察现象，并比较三者溶解度的大小。弃去上述有沉淀的试管中的上层清液，试验沉淀对浓硝酸的作用。写出有关的反应方程式。

4. 焰色反应

取一根顶端弯成小圈的铂丝（或镍丝），蘸以浓盐酸，于酒精灯（最好是酒精喷灯或煤气灯）的外焰中灼烧至与原来灯焰颜色一致。然后分别蘸以 $0.5mol \cdot L^{-1}$ NaCl、KCl、$CaCl_2$、$SrCl_2$、$BaCl_2$ 溶液于灯焰中灼烧。观察并比较它们的焰色。

注意：每次试验完成后，都要用浓盐酸将铂丝小环清洗干净；在做钾的焰色反应时，应借助蓝色的钴玻璃观察焰色，以滤去黄光，避免钾盐中微量钠盐的干扰。

5. 卤素间的置换反应

（1）在试管中加入 2 滴 $0.1mol \cdot L^{-1}$ KBr 溶液和 5 滴 CCl_4，然后滴加氯水，边加边振荡试管。观察 CCl_4 层中的颜色。写出反应方程式。

（2）在试管中加入 2 滴 $0.1mol \cdot L^{-1}$ KI 溶液和 5 滴 CCl_4，然后滴加氯水，边加边

---

❶ 大量金属钠、钾遇水会引起爆炸，通常将其保存于煤油中，放于阴凉处。使用时，应在煤油中切成小块，用镊子夹取，并用滤纸吸干煤油。钠、钾不可与皮肤接触，未用完的碎屑不能乱丢，可加入少量酒精使其缓慢分解。反应中钠、钾取量不要贪多，即使少量反应也应采取相应的防护措施，如将合适的漏斗倒扣于进行反应的烧杯上，以免灼伤。

振荡试管。观察 CCl_4 层中的颜色。写出反应方程式。

（3）在试管中加入 5 滴 $0.1mol \cdot L^{-1}$ KI 溶液，再加入 1～2 滴淀粉溶液，然后滴加溴水，振荡试管。观察 I_2 的产生使溶液由无色变为蓝色。写出反应方程式。

根据以上实验结果，说明卤素的置换次序。

6. 卤离子的还原性

（1）往装有少量 KI 固体的试管中加入 1mL 浓硫酸，观察碘的析出；把湿润的醋酸铅试纸移近管口，若出现黑色，表示有 H_2S 气体逸出。写出反应方程式。

（2）往装有少量 KBr 固体的试管中加入 1mL 浓硫酸，观察溴的析出；把湿润的淀粉-碘化钾试纸移近管口，观察试纸变色情况。写出反应方程式。

（3）往装有少量 NaCl 固体的试管中加入 1mL 浓硫酸，观察氯化氢气体的逸出，用玻璃棒蘸取一些浓氨水，移近试管口，有什么现象？

通过上述实验结果，比较 I^-、Br^-、Cl^- 的还原能力。

7. 次氯酸钠和氯酸钾的氧化性

（1）往试管中加入 20 滴氯水，然后逐滴加入 $2mol \cdot L^{-1}$ NaOH 溶液，直至溶液呈碱性（pH 试纸检验）。将溶液分成两份：一份滴加 $2mol \cdot L^{-1}$ HCl 溶液，用淀粉-碘化钾试纸检验放出的氯气；另一份加入数滴品红试液，观察品红试液的颜色是否褪去。写出有关反应方程式。

（2）往试管中加入 1mL $KClO_3$ 饱和溶液，然后加入 2 滴 $0.1mol \cdot L^{-1}$ KI 溶液，有无现象发生？再加入 3～5 滴浓硫酸，观察现象，写出反应方程式，并加以说明。另取一支试管，加入 1mL $KClO_3$ 饱和溶液，再加入少量浓盐酸，生成什么物质？如何检验？写出反应方程式。

8. Ba^{2+} 和卤离子的检验

（1）往试管中加入 3 滴 $0.5mol \cdot L^{-1}$ $BaCl_2$ 溶液，然后加入 3 滴 $0.5mol \cdot L^{-1}$ Na_2SO_4 溶液，观察沉淀的颜色。弃去上层清液，试验沉淀对 $3mol \cdot L^{-1}$ HNO_3 溶液是否溶解。写出有关反应方程式。

在焰色反应中，Ba^{2+} 的焰色为黄绿色，也是检验 Ba^{2+} 的方法，见本实验 4。

（2）往试管中加入 1mL $0.1mol \cdot L^{-1}$ NaCl 溶液，然后加入 2 滴 $0.1mol \cdot L^{-1}$ $AgNO_3$ 溶液，观察沉淀的颜色。弃去上层清液，在沉淀中加入 5 滴 $3mol \cdot L^{-1}$ HNO_3 溶液，振荡，观察沉淀是否溶解。写出有关反应方程式。

（3）往试管中加入 1mL $0.1mol \cdot L^{-1}$ KBr 溶液，然后加入 2 滴 $0.1mol \cdot L^{-1}$ $AgNO_3$ 溶液，观察浅黄色 AgBr 沉淀的生成。并试验沉淀对 $3mol \cdot L^{-1}$ HNO_3 溶液是否溶解。写出有关反应方程式。

（4）往试管中加入 1mL $0.1mol \cdot L^{-1}$ KI 溶液，然后加入 2 滴 $0.1mol \cdot L^{-1}$ $AgNO_3$ 溶液，观察黄色 AgI 沉淀的生成。并试验沉淀对 $3mol \cdot L^{-1}$ HNO_3 溶液是否溶解。写出有关反应方程式。

四、思考题

1. 金属钠、钾为什么要保存在煤油中？若钾、钠不慎失火，应如何扑灭？

2. Na_2O_2 与水作用的实验为什么必须在冷却条件下进行？

3. 制取钡、钙、镁的氢氧化物时为什么要使用新配制的 NaOH 溶液？

4. 卤素单质的氧化性和卤离子的还原性有何递变规律?

5. 今有 KCl、KBr、KI 三种固体，怎样将它们检验出来?

课外实验

五彩缤纷的焰火

一、仪器和药品

瓷蒸发皿(100mL)　量筒(10mL)　研钵　台秤　瓷坩埚(60mL)　移液管(10mL)或长滴管　药匙　火柴　酒精　蔗糖　$LiNO_3$(粉末)　NaCl 或 $NaNO_3$(粉末)　KCl 或 KNO_3(粉末)　$CaCl_2$(粉末)　$SrCl_2$ 或 $Sr(NO_3)_2$(粉末)　$BaCl_2$ 或 $Ba(NO_3)_2$(粉末)　$KClO_3$(粉末)　Mg(粉末)　Sb_2S_3(粉末)　木炭(粉末)　H_2SO_4(浓)

二、实验内容、过程及现象

1. 最简便的焰色反应

在 100mL 瓷蒸发皿中，倒入 5～10mL 酒精。点燃酒精，在酒精火焰中分别迅速撒下干燥的 $LiNO_3$、NaCl、KCl、$CaCl_2$、$SrCl_2$、$BaCl_2$ 粉末。这样，可分别观察到紫红色、黄色、玫瑰红色（透过蓝色钴玻璃片则为浅紫色）、砖红色、洋红色、绿色的火焰窜起。

2. 蔗糖焰火

先将蔗糖和 $KClO_3$ 分别放在研钵中研细。取 3 张小纸，每张纸上各取等量研细的蔗糖粉末和 $KClO_3$ 粉末。然后在第一张纸上添加适量的 $Sr(NO_3)_2$ 粉末，在第二张纸上添加适量的镁粉，在第三张纸上添加适量的 $Ba(NO_3)_2$ 粉末。将它们一一混合均匀后，分别倒入 3 个瓷坩埚中，用移液管或长滴管吸取浓硫酸，依次滴入 3 个坩埚。这样则可观察到 3 个坩埚中依次喷射出红、白、绿 3 种焰火来。

3. 五彩争辉

分别取下列 5 组药品，各种药品需事先用研钵研细。

① $KClO_3$(2.5g)、$Sr(NO_3)_2$(8.5g)、硫黄(2.5g)、木炭粉(1g)；

② $KClO_3$(3g)、$Ba(NO_3)_2$(6g)、硫黄(1.5g)、木炭粉(1g)；

③ KNO_3(15g)、$NaNO_3$(2.5g)、硫黄(6g)、木炭粉(1g)；

④ KNO_3(4.5g)、Sb_2S_3(1g)、硫黄(1g)；

⑤ KNO_3(6g)、镁粉(1g)、硫黄(1.5g)、木炭粉(1g)。

将各组药品混合均匀，分别装入事先做好的一端封紧口的纸筒内，插入一根一端露于筒外的引线，捆扎好。挂在竹竿一端，点燃。这时可观察到红、绿、黄、蓝、白绚丽的五彩争辉。

三、实验原理

各种元素的原子具有不同的结构和电子排布。一旦受热或接受外部能量的作用，电子便可能获得能量，从原来的（基态）轨道跳跃到能量更高更远的轨道上去，这种过程叫电子的跃迁或激发。激发态是一种不稳定的状态。当处于激发态的电子恢复到原来状态——基态时，就以不同波长的光将能量释放。各种金属盐的金属原子（离子）发射出的光线波长不同，所以光的颜色也不同。

四、注意事项

（1）各固体药品要保持干燥，以方便点燃。

（2）酒精火焰中加盐时动作要快，用浓硫酸点火时需用较长的移液管或滴管，以免灼伤手。

（3）固体药品必须要研成粉末，使反应快速，注意一定要先分别研细后再混合，切不可混合研磨，以免发生爆炸。

（4）瓷蒸发皿和瓷坩埚要置于耐热物质（如砖头）上，实验空间应相对较大，"五彩争辉"焰火燃放时一定要在户外进行，小心不要造成火灾。

阅读材料

从焰色反应到原子发射光谱分析

所谓焰色反应是指一些金属的单质或其挥发性化合物在无色火焰中灼烧时，火焰呈现出特征颜色的现象。如钠的火焰是黄色的，钾的火焰是紫色的，钙的火焰是砖红色的，钡的火焰是绿色的等。焰色反应是德国化学家本生在 1854 年发现的。当本生进一步着手利用焰色反应来进行物质中所含元素的鉴定时，他遇到了困难，因为除了钠等极少数金属元素能够直接观察得到焰色外，大部分金属元素在火焰中的颜色都是互相掩盖的，就是利用各种颜色的滤色片也很难进行准确的判断。例如，锂和锶的焰色都是洋红色的，两者根本无法用肉眼区别。

本生的好朋友、物理学家基尔霍夫一次两人在一起散步的时候向陷于困境的本生建议，何不利用物理学的研究成果，设法观察金属元素火焰的光谱而不去直接观察火焰的本身。于是他们便制作了一个简单的分光镜，在镜筒的一端开了一条作为平行光管的狭缝，使通过平行光管的光线落到三棱镜上，三棱镜则把射来的光线折射形成光谱。化学家和物理学家的合作得到了惊人的发现：在背景上，钠盐的光谱是两条明亮的、不变的黄线，钾盐的光谱是一条紫线和一条红线，锶盐的光谱是一条明亮的蓝线和几条暗红线等。总之，每一种元素都有其特有的谱线，被三棱镜折射出来的谱线都出现在各自固定的位置上。这样就可以根据各种元素的特征谱线来确定物质中相应元素的存在。现代原子发射光谱分析就是在这个基础上发展起来的。

随着原子光谱的深入研究发现，不同原子之所以产生不同的光谱，是由于不同原子的外层电子会产生不同能级的跃迁。当把含有不同原子的某一试样放入光源中，试样中的原子获得光源中的能量，首先蒸发为气态原子，继而使外层电子激发至高能级，处于高能态的电子因为是处于不稳定状态，又回归至低能态（基态），回归时便产生不同波长的辐射，于是便出现了不同颜色的谱线。

现代原子发射光谱分析的光源并不是一般的灯，而是能量高、干扰小的电弧发生器、高压火花器和激光显微光源；分光镜也不是三棱镜，而是可以按波长顺序记录在感光板上的摄谱仪。随着各种先进技术的渗透，现在已采用更先进的光谱仪配合电脑进行自动进样及数据处理，不仅可以准确确定物质的元素组成，而且可以根据各特征谱线的强度，在几十秒内就可精确确定各组成元素的含量。

实验三　化学反应速率和化学平衡

一、目的要求

1. 掌握浓度、温度和催化剂对化学反应速率的影响。
2. 熟悉浓度和温度对化学平衡的影响。

3. 认识和练习水浴恒温操作。

二、实验原理

化学反应速率可用单位时间内反应物或生成物浓度的变化量来表示。化学反应速率的快慢，首先由反应物的本性决定，其次也受外界条件（如浓度、温度、催化剂等）的影响。

根据质量作用定律，化学反应速率与各反应物浓度的乘积成正比。因此，改变反应物浓度，化学反应速率就会发生变化，反应所需的时间也就会发生变化。如 KIO_3 与 $NaHSO_3$ 的反应

$$2KIO_3 + 5NaHSO_3 \longrightarrow Na_2SO_4 + 3NaHSO_4 + K_2SO_4 + I_2 + H_2O$$

反应中产生的 I_2 可使淀粉变为蓝色。如果在溶液中事先加入淀粉指示剂，则根据淀粉变蓝所需的时间的长短，用以表示该反应化学反应速率的快慢。

温度对化学反应速率有显著的影响。

催化剂的存在可以加快化学反应速率。

在一定条件下，当可逆反应的正、逆反应的速率相等时，就达到了化学平衡。当外界条件改变时，化学平衡就会发生移动。根据勒夏特列原理，可以判断化学平衡移动的方向。如下列平衡

$$2K_2CrO_4 + H_2SO_4 \rightleftharpoons K_2Cr_2O_7 + K_2SO_4 + H_2O$$
　　（黄色）　　　　　　　　　（橙色）

当向平衡体系中加入 H_2SO_4 时，反应物浓度增大，正反应速率加快，使 $v_正 > v_逆$，平衡被破坏，平衡将向正反应方向移动，其结果是生成物浓度增大，溶液由黄色变为橙色；当向平衡体系中加入 $NaOH$ 时，它中和了溶液中的 H_2SO_4，降低了反应物浓度，使 $v_逆 > v_正$，平衡将向逆反应方向移动，其结果是生成物浓度减小，溶液由橙色变为黄色。

三、仪器和药品

1. 仪器

量筒（10mL、25mL、50mL）　烧杯（100mL 5 个）　秒表　温度计　NO_2 平衡仪

2. 药品与试剂

KIO_3（$0.05mol \cdot L^{-1}$）　$NaHSO_3$（$0.05mol \cdot L^{-1}$）❶　MnO_2（粉末）　H_2O_2（3%）　H_2SO_4（$2mol \cdot L^{-1}$）　$NaOH$（$2mol \cdot L^{-1}$）　K_2CrO_4（$0.1mol \cdot L^{-1}$）

四、实验内容

1. 浓度对反应速率的影响

用 10mL 量筒（量筒要专用，切勿混用）量取 10mL $0.05mol \cdot L^{-1} NaHSO_3$ 溶液，倒入小烧杯中，用 50mL 量筒量取 35mL 蒸馏水也倒入小烧杯中。用 25mL 量筒量取 5mL $0.05mol \cdot L^{-1} KIO_3$ 溶液。准备好秒表和玻璃棒，将量筒中的 KIO_3 溶液迅速倒入盛有 $NaHSO_3$ 溶液的小烧杯中，立刻看秒表计时并加以搅动，记下溶液变蓝所需的时

---

❶　称 5g 淀粉，以少量水调成糊状，然后加入 100~200mL 沸水，煮沸。冷却后加入 $NaHSO_3$ 溶液（5.2g $NaHSO_3$ 溶于少量水中）再加水稀释至 1L。

间。并填入下面表格中。

用同样方法依次按下表进行实验。

实验序号	NaHSO₃ 的体积(V_1)/mL	H₂O 的体积(V_2)/mL	KIO₃ 的体积(V_3)/mL	溶液变蓝的时间/s
1	10	35	5	
2	10	30	10	
3	10	25	15	
4	10	20	20	
5	10	15	25	

根据实验结果,说明浓度对反应速率的影响。

2. 温度对反应速率的影响

量取 10mL NaHSO₃ 溶液和 30mL 水加入小烧杯中,另用 10mL 量筒量取 10mL KIO₃ 溶液加入试管中,将小烧杯和试管同时放在水浴中加热到比室温高 10℃时,取出。将 KIO₃ 溶液倒入 NaHSO₃ 溶液中,立即开始计时并搅动,记下溶液变蓝所需时间,并填入下面表格中。

按同样的方法在比室温高 20℃ 的条件下进行实验,将结果填入表内。再将实验内容 1 中第二项实验结果也填入表内。

实验序号	NaHSO₃ 的体积(V_1)/mL	H₂O 的体积(V_2)/mL	KIO₃ 的体积(V_3)/mL	实验温度/℃	溶液变蓝的时间/s
1	10	30	10		
2	10	30	10		
3	10	30	10		

水浴可用水浴锅或 400mL 烧杯加水,用小火加热。

根据实验结果,说明温度对反应速率的影响。

3. 催化剂对反应速率的影响

在试管中加入 3mL 3% H₂O₂,观察是否有气泡发生。然后加入少量 MnO₂ 粉末,观察是否有气泡放出,该气体为何种气体?如何检验?写出反应方程式。说明 MnO₂ 在反应中的作用。

4. 浓度对化学平衡的影响

取 5mL 0.1mol·L⁻¹ K₂CrO₄ 溶液放在试管中,然后滴加 2mol·L⁻¹ H₂SO₄ 溶液,当溶液由黄色变为橙色后,再往试管中滴加 2mol·L⁻¹ NaOH 溶液,观察溶液由橙色变为黄色。说明溶液颜色变化的原因。

5. 温度对化学平衡的影响

将充有 NO₂ 气体的平衡仪两球体分别置于盛有冷水和热水的烧杯中,如图 23。观察平衡仪两球颜色的变化,说明温度对化学平衡的影响。

五、思考题

1. 影响化学反应速率的因素有哪些?

2. 化学平衡在什么情况下发生移动?如何判断平衡移动的方向?

3. 在测定溶液变蓝所需时间的实验里,加入 KIO₃ 时为什么要迅速并立即计时?

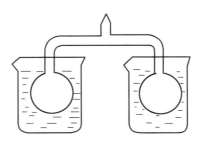

图 23　NO₂ 气体的平衡仪

课外实验

滴水生烟——水在反应中的催化作用

一、仪器和药品

烧杯(盛水)　铁三脚架　玻璃棒　长滴管　石棉网(新)　碘(固体)　台秤　研钵
Zn(粉末)　Al(粉末)　镁(粉末)

二、实验过程及现象

将石棉网置于铁三脚架上。称取 3g 研细的碘和 0.2g 铝粉先在一张小纸片上用玻璃棒轻轻混合均匀，然后自然地堆于石棉网中央。用长滴管吸水往碘和铝粉的混合物上滴 2～3 滴（若不反应，可多滴 1～2 滴）水。这时，可观察到混合物顿时燃烧起来，同时还可看到紫色气体升起。

也可用碘与锌（取 4.6g 碘与 1g 锌粉）、碘与镁（取 10g 碘与 1g 镁粉）做同样的实验。

三、实验原理

铝、镁、锌都是活泼金属，还原性很强，但在常温下它们与碘都很难进行反应，但只要有水存在，它们则可与碘发生剧烈反应，可见水对反应有强烈的催化作用。反应方程式为

$$2Al+3I_2 \xrightarrow{H_2O} 2AlI_3$$

$$Mg+I_2 \xrightarrow{H_2O} MgI_2$$

$$Zn+I_2 \xrightarrow{H_2O} ZnI_2$$

由于反应放热，不仅产生了燃烧现象，同时使未反应的碘发生剧烈的升华现象。真可谓"火借水生，紫气东来"。

四、注意事项

(1) 混合碘与金属时，要小心轻轻地操作，免得因摩擦生热使反应速率加快（即发生反应），更不得与水接触。

(2) 碘与金属的混合物在石棉网上要尽量地堆得高一些，让其像圆锥似的小丘。不要平撒于石棉网上，也不要将混合物压紧。

（3）加水用的滴管要长一些（约 30cm），以免烫手。

（4）碘试剂较贵，做其中一个实验即可，不必每个实验都做。

 阅读材料

催 化 现 象

如果把氨和氧气充入一个普通的灯泡，不会有什么现象发生，如果把这两种气体充入一个用铂作灯丝的灯泡，我们会发现灯泡会发光，显然铂在反应中起了关键作用，使两种气体发生快速强放热反应，产生的热量将铂丝被加热至红亮；将二氧化硫与空气混合在一起不会发生反应，若在体系中放置五氧化二钒，则可使两种气体反应速率迅速提高一亿六千万倍；淀粉水解反应的速率也极慢，若在其中加入少量酸，便可大大加速反应……

以上三个反应的方程式为

$$4NH_3 + 5O_2 \xrightarrow{Pt} 4NO + 6H_2O$$

$$2SO_2 + O_2 \xrightarrow{V_2O_5} 2SO_3$$

$$\underset{\text{淀粉}}{(C_6H_{10}O_5)_n} + nH_2O \xrightarrow{\text{稀酸}} \underset{\text{葡萄糖}}{nC_6H_{12}O_6}$$

1835 年德国化学家柏采乌斯把类似上述反应中的铂、五氧化二钒、稀酸等产生的作用称为催化作用。这些能够加速反应进行而在反应前后其质量和性质保持不变的物质称为催化剂。

催化现象的发现和催化剂的开发为化学工业开创了新纪元，几乎所有重要的化学工业反应都与催化结下了不解之缘。催化剂之所以有如此巨大的威力，常常使一些化学反应的利用由不可能变为可能，是因为催化剂改变了化学反应的途径。就好比汽车要翻越一座陡峭的山头，直上直下是不可能的，若修成盘山道或修建隧道就使不能变为可能了。催化剂使反应改变历程，这样就降低了反应的"启动"能量（活化能）。

关于催化剂的催化作用有几点还必须明确指出。

（1）催化有正、负之分，凡加速反应的催化剂称正催化剂，减缓反应的催化剂称负催化剂。一般情况下不加说明的催化剂是指正催化剂。

（2）不是催化剂不参与反应，是催化剂通过反应后又复原了，如

$$N_2 + 3H_2 \xrightarrow{Fe} 2NH_3$$

反应历程为

$$\frac{1}{2}N_2 + xFe \longrightarrow Fe_xN$$

$$Fe_xN + \frac{1}{2}H_2 \longrightarrow Fe_xNH$$

$$Fe_xNH + H_2 \longrightarrow xFe + NH_3$$

（3）催化剂是具有选择性的。一种催化剂并不能催化所有需要催化的反应，不同的反应需要选择不同的催化剂。如分解氯酸钾制备氧气应选择二氧化锰作催化剂，合成氨就应该选择铁筛网作催化剂。即使相同反应物选用不同的催化剂，其产物也是不同的。

（4）催化剂只能使本质上可以发生的反应改变反应速率，不可能使本质上不能进行的反应发生反应。

催化剂的催化原理目前尚在进一步研究之中，随着科学研究的深入，催化剂在化工生产中发挥的作用将会越来越大。

实验四　电解质溶液

一、目的要求

（1）掌握强电解质与弱电解质的区别，巩固 pH 的概念。

（2）掌握同离子效应对弱电解质电离平衡的影响。

（3）熟悉缓冲溶液的缓冲作用。

（4）熟悉盐类的水解及其影响因素。

（5）了解溶度积规则及沉淀平衡的移动。

二、药品及试剂

HCl（$0.1mol \cdot L^{-1}$，$2mol \cdot L^{-1}$，$6mol \cdot L^{-1}$）　　HAc（$0.1mol \cdot L^{-1}$，$2mol \cdot L^{-1}$）　$NaOH$（$0.1mol \cdot L^{-1}$，$2mol \cdot L^{-1}$）　　$NH_3 \cdot H_2O$（$0.1mol \cdot L^{-1}$）　　$NaAc$（固体，$0.1mol \cdot L^{-1}$）　NH_4Cl（$0.1mol \cdot L^{-1}$，$1mol \cdot L^{-1}$，固体）　　$NaCl$（$0.1mol \cdot L^{-1}$）　　Na_2S（$0.1mol \cdot L^{-1}$）　NH_4Ac（$0.1mol \cdot L^{-1}$）　　$MgCl_2$（$0.1mol \cdot L^{-1}$）　　$FeCl_3$（固体，$0.1mol \cdot L^{-1}$）　　KI（$0.1mol \cdot L^{-1}$）　　$AgNO_3$（$0.1mol \cdot L^{-1}$）　　K_2CrO_4（$0.1mol \cdot L^{-1}$）　　$Pb(NO_3)_2$（$0.1mol \cdot L^{-1}$）　$Al_2(SO_4)_3$（饱和溶液）　　Na_2CO_3（饱和溶液）　　$CaCO_3$（粉末）　　锌粒　酚酞试液　甲基橙试液 pH 试纸

三、实验内容

1. 比较 HAc 溶液和 HCl 溶液的酸性

（1）在两支试管中，分别加入 $1mL$ $0.1mol \cdot L^{-1}$ HAc 溶液和 $1mL 0.1mol \cdot L^{-1}$ HCl 溶液，再在每支试管中各加入 1 滴甲基橙和 $1mL$ 水，比较两支试管中的颜色。

（2）在两支试管中，分别加 $2mL$ $2mol \cdot L^{-1}$ HAc 溶液和 $2mL$ $2mol \cdot L^{-1}$ HCl 溶液，再在每支试管中各加入锌粒两颗，比较两支试管中的反应情况。写出反应方程式。

通过上述实验，说明 HAc 溶液和 HCl 溶液酸性的强弱。

2. 溶液 pH 的测定

用 pH 试纸测定浓度均为 $0.1mol \cdot L^{-1}$ 的下列溶液的 pH，并与计算值进行比较。

HCl　　HAc　　H_2S　　$NaOH$　　$NH_3 \cdot H_2O$

3. 同离子效应和缓冲溶液

（1）在试管中加入 $3mL$ $0.1mol \cdot L^{-1}$ HAc 溶液和 1 滴甲基橙试液，观察溶液的颜色；再加入少量 NaAc 固体，振荡试管使其溶解，观察溶液颜色的变化；将溶液分为 3 份，一份加入 3 滴 $0.1mol \cdot L^{-1}$ HCl 溶液，一份加入 3 滴 $0.1mol \cdot L^{-1}$ NaOH 溶液，对照比较 3 份溶液的颜色。说明上述实验现象。

（2）在试管中加入 $3mL$ $0.1mol \cdot L^{-1}$ $NH_3 \cdot H_2O$ 和 1 滴酚酞试液，观察溶液的颜色；再加入少量 NH_4Cl 固体，振荡试管使其溶解，观察溶液颜色的变化；将溶液分为 3 份，一份加入 3 滴 $0.1mol \cdot L^{-1}$ HCl 溶液，一份加入 3 滴 $0.1mol \cdot L^{-1}$ NaOH 溶液，对照比较 3 份溶液的颜色。说明上述实验现象。

4. 盐类的水解

（1）用 pH 试纸测定浓度均为 $0.1mol \cdot L^{-1}$ 的下列溶液的 pH，并说明各种盐溶液

的 pH 为何不相等。

　　　　NH$_4$Cl　　MgCl$_2$　　FeCl$_3$　　NaCl　　NH$_4$Ac　　Na$_2$S

　　（2）在试管中加入 2mL 0.1mol·L^{-1}NaAc 溶液和 1 滴酚酞试液，观察溶液的颜色；再用小火加热溶液，观察溶液颜色的变化，并加以解释。

　　（3）取一药匙 FeCl$_3$ 固体于小烧杯中，加少量水使其溶解，观察溶液的颜色，将溶液分盛于 3 支试管中。在第一支试管中加入 2 滴 6mol·L^{-1}HCl 溶液，观察溶液颜色的变化；将第二支试管用小火加热，观察有何变化。第三支试管用作对照比较。

　　说明上述实验现象。

　　（4）在一支大试管中，加入 5mL 饱和 Al$_2$(SO$_4$)$_3$ 溶液和 5mL 饱和 Na$_2$CO$_3$ 溶液。解释所发生的现象。反应方程式为

$$Al_2(SO_4)_3 + 3Na_2CO_3 + 3H_2O \longrightarrow 2Al(OH)_3 \downarrow + 3Na_2SO + 3CO_2 \uparrow$$

　　5. 沉淀平衡

　　（1）取黄豆大小的粉末状的 CaCO$_3$ 放入试管中，加入 2mL 水，振荡，观察是否溶解。再向试管中滴加 2mol·L^{-1}HCl 溶液，振荡，观察现象。写出反应方程式。

　　（2）在试管中加入 1mL 0.1mol·L^{-1}Pb(NO$_3$)$_2$ 溶液，再滴加 0.1mol·L^{-1}KI 溶液，观察黄色沉淀的产生。写出反应方程式。将试管静置一会，待沉淀沉降后，在上层清液中继续滴加 0.1mol·L^{-1}KI 溶液，观察并说明所产生的现象。

　　（3）在试管中加入 1mL 0.1mol·L^{-1}K$_2$CrO$_4$ 溶液，再滴加 0.1mol·L^{-1}AgNO$_3$ 溶液，观察沉淀的颜色。写出反应方程式。然后再向试管中加入 1mL 0.1mol·L^{-1}NaCl 溶液，用玻璃棒搅动沉淀，静置一会，用吸管吸去上层清液，再向试管中加入 1mL 水，振荡试管，放置。重复洗涤沉淀一次。观察沉淀的颜色，写出反应方程式，说明沉淀转化的条件。

　　四、思考题

　　1. 相同浓度的 HAc 溶液和 HCl 溶液，它们 $c(H^+)$ 的大小如何？pH 值的大小如何？

　　2. 0.1mol·L^{-1}HAc 溶液和 0.1mol·L^{-1}HAc 与 0.1mol·L^{-1}NaAc 混合溶液，哪一种溶液中 $c(H^+)$ 较大？为什么？

　　3. 实验室配制 FeCl$_3$ 溶液和 SnCl$_2$ 溶液时，为什么不是直接将它们的晶体溶于水，而是先将它们的晶体溶于盐酸？

　　4. 如何证明 Al$_2$(SO$_4$)$_3$ 与 Na$_2$CO$_3$ 反应生成的沉淀是 Al(OH)$_3$，而不是 Al$_2$(CO$_3$)$_3$？

课外实验

简易泡沫灭火器

　　一、仪器和药品

　　台秤　量筒　烧杯　玻璃棒　搪瓷盆　火柴　吸滤瓶（带塞）　粗试管　Al$_2$(SO$_4$)$_3$

NaHCO₃　煤油　洗衣粉

二、实验过程及现象

用台秤称取 20g NaHCO₃ 晶体和 2g 洗衣粉置于 500mL 烧杯中，加入水约 400mL，搅拌，令其溶解，将溶液倒入 1000mL 大吸滤瓶中。

用台秤称取 20g Al₂(SO₄)₃ 置于小烧杯中，加水约 50mL，搅拌（可适当加热），令其溶解，将溶液倒入粗试管中，然后小心将试管放入吸滤瓶中，塞紧瓶口。

用一小搪瓷盆盛约半盆水，再向盆内倒入约 15mL 煤油，用合适的方法（用点着的小木条引燃煤油，注意安全）将煤油点燃。

把装有 NaHCO₃ 溶液和 Al₂(SO₄)₃ 溶液的吸滤瓶嘴对准火盆，倒转吸滤瓶，使其中两种溶液迅速混合。这时瓶内两种溶液剧烈反应，产生的 CO_2 气体压力越来越大，带有大量泡沫的液体随 CO_2 一起从吸滤瓶嘴喷射出来，泡沫把煤油表面完全覆盖后，火便熄灭。

三、实验原理

泡沫灭火器中的 Al₂(SO₄)₃ 和 NaHCO₃ 溶于水后都发生水解反应。

$$Al^{3+} + H_2O \Longrightarrow Al(OH)^{2+} + H^+$$

$$HCO_3^- + H_2O \Longrightarrow H_2CO_3 + OH^-$$

当两种溶液混合后，两者水解相互促进，致使它们都完全水解。

$$Al^{3+} + 3H_2O \Longrightarrow Al(OH)_3 \downarrow + 3H^+$$
$$+$$
$$3HCO_3^- + 3H_2O \Longrightarrow 3H_2O + 3CO_2 \uparrow + 3OH^-$$
$$\downarrow$$
$$3H_2O$$

这样的反应常称为"双水解反应"。上述反应的总反应方程式为

$$Al^{3+} + 3HCO_3^- \xrightarrow{H_2O} Al(OH)_3 \downarrow + 3CO_2 \uparrow$$

$$Al_2(SO_4)_3 + 6NaHCO_3 \xrightarrow{H_2O} 2Al(OH)_3 \downarrow + 3Na_2SO_4 + 6CO_2 \uparrow$$

由于溶液中加有洗衣粉，在 CO_2 气体的存在下产生大量泡沫。随着 CO_2 越来越多，瓶内压力增大，喷射出大量带 CO_2 的泡沫，将火源与空气隔绝而起到灭火的作用。

四、注意事项

(1) 放入吸滤瓶中的粗试管，一定要高于吸滤瓶中溶液的液面，以防两种溶液过早混合。

(2) "灭火"前，要检查吸滤瓶嘴是否通畅，最好用铁丝先通一通，防止瓶内气体压力增大时瓶嘴被堵塞而使吸滤瓶爆裂。

(3) 进行"灭火"时，要用手顶住吸滤瓶的塞子，以免因瓶内气体压力增大时将塞子挤出。

阅读材料

人体血液中的酸碱平衡

许多化学过程都要求在稳定的酸度中进行，这就需要用缓冲溶液来维持。缓冲溶液即能够保持体系 pH 相对稳定的溶液。这种溶液不会因为少量强酸强碱的加入或溶液适当稀释而显著改变体系的 pH。

缓冲溶液在生命活动中也具有极其重要的作用。土壤中存在着多种弱酸及其盐，维持 pH 在 5～8 的范围内，这样有利于植物的生长。人体血液中由于含有 H_2CO_3-$NaHCO_3$、NaH_2PO_4-Na_2HPO_4 等缓冲溶液，使血液的 pH 维持在 7.35～7.45 之间，保证了细胞代谢的正常进行和整个机体的生存。

人体中发生着复杂的化学过程。当进行剧烈运动时，几分钟就会使血液的 pH 降到 7.2 左右，大概要两小时才能恢复到 7.40。如果过分地进行深呼吸或加快呼吸频率，则会使血液 pH 上升到 7.5 左右，并会使人感到头晕或头疼。上述人体血液中 pH 的小范围变化是通过下列平衡起作用的

$$CO_2 + H_2O \rightleftharpoons H_2CO_3 \rightleftharpoons H^+ + HCO_3^-$$

当剧烈运动时，肌肉产生的 CO_2 溶入血液的速率比通过肺部排出 CO_2 的速率稍大，使血液 CO_2 的浓度偏大，上述平衡就会向右移动，因而使血液 pH 稍微下降。当进行深呼吸或加快呼吸频率时，吸进的氧气在红血球中形成了含氧血红蛋白，在该过程中就消耗了 CO_2，CO_2 便随呼吸排出体外，这样血液中 CO_2 的浓度就略有下降，从而导致上述平衡向左移动，使血液 H^+ 浓度略微下降而 pH 则稍有升高。但这种 pH 的变化基本上都是控制在 7.2～7.5 的小范围内。

正常情况下人体血液的 pH 会恒定在 7.40±0.05，当进行不同活动引起血液 pH 发生改变时，也会控制在小范围内变化，这就是人体血液中的缓冲体系起的作用。如果人体血液不具备缓冲作用，只要几滴 1mol·L^{-1}HCl 溶液，就会使血液 pH 下降到 5.5 以下。人体在生命活动中并不能排除与酸碱的关系，例如，食物在消化过程中就会影响血液的 pH，食油、奶、面包、鸡蛋、土豆等会产生酸性效应，豆类、卷心菜、水果等会产生碱性效应。研究发现，人体是通过多种效应来调节和控制血液 pH 的，大致有 H_2CO_3-HCO_3^- 缓冲体系，$H_2PO_4^-$-HPO_4^{2-} 缓冲体系，还有蛋白质形成的缓冲体系等。这些缓冲体系中 HCO_3^-、HPO_4^{2-}、$H_2PO_4^-$ 以及蛋白质的阴离子都是既能与酸反应又能与碱反应的离子或基团，从而构筑起引起血液 pH 变化的屏障。反应情况大致如下

$$HCO_3^- + H^+ \longrightarrow H_2CO_3$$
$$HCO_3^- + OH^- \longrightarrow CO_3^{2-} + H_2O$$
$$HPO_4^{2-} + H^+ \longrightarrow H_2PO_4^-$$
$$HPO_4^{2-} + OH^- \longrightarrow PO_4^{3-} + H_2O$$
$$H_2PO_4^- + H^+ \longrightarrow H_3PO_4$$
$$H_2PO_4^- + OH^- \longrightarrow HPO_4^{2-} + H_2O$$

蛋白质的阴离子中既含有能与酸反应的碱性基团—NH_2（氨基），又含有与碱反应的酸性基团—COOH（羧基），也能起到缓冲作用。

必须指出，当生病或发生意外事故时，血液的缓冲体系可能会遭到破坏，这时候就必须求助医疗来调整人体的酸碱平衡。

实验五　硼、铝、碳、硅、锡、铅的重要化合物

一、目的要求

1. 掌握铝和 $Al(OH)_3$ 的两性及铝盐和硼砂的水解。

2. 掌握 CO_2 的实验室制备及其性质。

3. 掌握碳酸盐和硅酸盐的水解及碳酸盐和酸式碳酸盐的相互转化。

4. 熟悉二价锡盐的水解与抑制及 $Pb(IV)$ 和 $Sn(II)$ 的氧化还原性。

二、仪器和药品

1. 仪器

砂纸　滤纸　带塞玻璃导管或启普发生器

2. 药品及试剂

HCl($2mol \cdot L^{-1}$，$6mol \cdot L^{-1}$，浓)　$NaOH$(30%)　$HgCl_2$($0.1mol \cdot L^{-1}$)　$Al_2(SO_4)_3$($0.5mol \cdot L^{-1}$)　$NH_3 \cdot H_2O$($6mol \cdot L^{-1}$)　铝片　$Na_2B_4O_7$(饱和溶液)　$(NH_4)_2S$($2mol \cdot L^{-1}$)　pH 试纸　石灰石(小颗粒)　$Ca(OH)_2$(饱和溶液)　石蕊试液　Na_2CO_3($1mol \cdot L^{-1}$)　$NaHCO_3$($1mol \cdot L^{-1}$)　Na_2SiO_3(20%)　$CuSO_4$($1mol \cdot L^{-1}$)　$SnCl_2 \cdot 2H_2O$(固，$0.1mol \cdot L^{-1}$)　PbO_2(固)　H_2SO_4($2mol \cdot L^{-1}$)　$MnSO_4$($0.1mol \cdot L^{-1}$)　$KMnO_4$($0.01mol \cdot L^{-1}$)

三、实验内容

1. 铝和 $Al(OH)_3$ 的两性

(1) 在两支试管中，各放入一小块铝片，然后分别加入 2mL $2mol \cdot L^{-1}$ HCl 溶液和 2mL 30% NaOH 溶液，观察现象。写出反应方程式。

(2) 取一块铝片，用砂纸擦去其表面的氧化膜。在清洗的铝片上滴数滴 $0.1mol \cdot L^{-1}$ $HgCl_2$（毒！）溶液。当 $HgCl_2$ 溶液覆盖下的铝表面失去光泽呈灰色时，用滤纸擦去上面的溶液。然后将铝片放置于空气中，观察现象并加以说明。

(3) 在两支试管中，各加入 2mL $0.5mol \cdot L^{-1}$ $Al_2(SO_4)_3$ 溶液，并逐滴加入 $6mol \cdot L^{-1}$ $NH_3 \cdot H_2O$，观察白色胶状沉淀产生。然后在一支试管中滴加 $2mol \cdot L^{-1}$ HCl 溶液，在另一支试管中滴加 30% NaOH 溶液，观察沉淀是否溶解。写出反应方程式。

2. 铝与水的作用

取一小块铝片，用砂纸擦去其表面的氧化膜后放入试管中，加少量水，微热，观察现象。写出反应方程式。

3. 铝盐及硼砂的水解

(1) 用 pH 试纸测定 $0.5mol \cdot L^{-1}$ $Al_2(SO_4)_3$ 溶液和饱和 $Na_2B_4O_7$ 水溶液的酸碱性，并加以说明。

(2) 在试管中加入 1mL $0.5mol \cdot L^{-1}$ $Al_2(SO_4)_3$ 溶液，再逐滴加入 $2mol \cdot L^{-1}$ $(NH_4)_2S$ 溶液，振荡，观察现象。其反应方程式为

$$Al_2(SO_4)_3 + 3(NH_4)_2S + 6H_2O \longrightarrow 2Al(OH)_3 \downarrow + 3H_2S \uparrow + 3(NH_4)_2SO_4$$

设法证明所产生的沉淀是 $Al(OH)_3$ 而不是 Al_2S_3。

4. CO_2 的制备和性质

(1) 在具塞带导管的大试管中，装入少量小颗粒状的石灰石和 $6mol \cdot L^{-1}$ HCl 溶液，将发生 CO_2 气体的导管插入盛有澄清的石灰水的试管中，观察现象。写出上述过程的反应方程式。

(2) 在试管中装入约占 1/4 容积的水并滴入两滴石蕊试液，然后将发生 CO_2 气体的导管插入试管中，观察石蕊颜色的变化，写出反应方程式；撤去导管，加热试管至其

中的液体沸腾，观察石蕊颜色的变化，说明原因。

5. 碳酸盐和酸式碳酸盐的相互转化

将发生 CO_2 气体❶的导管插入事先已装有 5～6mL 新配制的澄清石灰水的试管中，观察现象。继续通入 CO_2 气体，观察又有何变化。写出反应方程式。

将上述所得溶液分成两份。一份滴加饱和石灰水，另一份加热，观察现象。写出反应方程式。

6. 碳酸盐和硅酸盐的水解作用

（1）用 pH 试纸测定 $1mol \cdot L^{-1}$ Na_2CO_3 溶液、$1mol \cdot L^{-1}$ $NaHCO_3$ 溶液和 20% Na_2SiO_3 溶液的酸碱性，并加以说明。

（2）在试管中加入 2mL $1mol \cdot L^{-1}$ $CuSO_4$ 溶液，再滴加 $1mol \cdot L^{-1}$ Na_2CO_3 溶液，观察沉淀的颜色和气体的产生。其离子方程式为

$$2Cu^{2+} + 2CO_3^{2-} + H_2O \longrightarrow Cu_2(OH)_2CO_3 \downarrow + CO_2 \uparrow$$

7. 二价锡盐的水解及其抑制

（1）取绿豆大小的 $SnCl_2 \cdot 2H_2O$ 晶体于试管中，加入少量水，振荡，观察现象。写出反应方程式。

（2）取绿豆大小的 $SnCl_2 \cdot 2H_2O$ 晶体于试管中，滴加浓盐酸，待其全部溶解后，再以少量水稀释，观察现象并与（1）进行比较，说明结果不同的原因。

8. $Pb(Ⅳ)$ 和 $Sn(Ⅱ)$ 的氧化还原性

（1）在试管中加入黄豆大小的固体❷ PbO_2 和 1～2mL 浓盐酸，观察现象。写出反应方程式。

（2）在试管中加入 2mL $2mol \cdot L^{-1}$ H_2SO_4 溶液和 1 滴 $0.1mol \cdot L^{-1}$ $MnSO_4$ 溶液，然后加入绿豆大小的固体 PbO_2，于水浴中加热，观察溶液颜色的变化。其反应方程式为

$$5PbO_2 + 2MnSO_4 + 3H_2SO_4 \longrightarrow 5PbSO_4 + 2HMnO_4 + 2H_2O$$

（3）在试管中加入 1mL $0.01mol \cdot L^{-1}$ $KMnO_4$ 溶液和 2mL $2mol \cdot L^{-1}$ HCl 溶液，再滴加 $0.1mol \cdot L^{-1}$ $SnCl_2$ 溶液，观察溶液中 $KMnO_4$ 颜色褪去。写出反应方程式。

（4）在试管中加入 1mL $0.1mol \cdot L^{-1}$ $HgCl_2$ 溶液，再逐滴加入 $0.1mol \cdot L^{-1}$ $SnCl_2$ 溶液，观察白色沉淀的生成。继续滴加 $SnCl_2$ 溶液，观察沉淀颜色的变化。写出反应方程式。

四、思考题

1. 指出 $Al_2(SO_4)_3$、$Na_2B_4O_7$、Na_2CO_3、$NaHCO_3$、Na_2SiO_3 水溶液的酸碱性。

2. 如何分离溶液中的 Al^{3+} 和 Fe^{3+}？

3. 在 2mL $0.5mol \cdot L^{-1}$ $Al_2(SO_4)_3$ 溶液中，逐滴加入 $0.5mol \cdot L^{-1}$ NaOH 溶液，

---

❶ 因所需 CO_2 气体的量较多，CO_2 的制取可在启普发生器中进行。

❷ PbO_2 取量不要太多，该试验宜在通风橱内进行；铅和铅的化合物均有毒，使用时，应防止其进入体内。

和在 2mL 0.5mol·L^{-1}NaOH 溶液中，逐滴加入 0.5mol·L^{-1}Al$_2$(SO$_4$)$_3$ 溶液，现象是否会相同？为什么？

4. 用石灰石与酸作用制备 CO$_2$ 气体，为什么通常是用盐酸，而不用 H$_2$SO$_4$？

5. 实验室应如何配制 SnCl$_2$ 溶液？

课外实验

水中花园

一、仪器和药品

大烧杯　表面皿　虹吸管或长滴管　Na$_2$SiO$_3$（20%）　FeCl$_3$（固体）　CuCl$_2$（固体）CoCl$_2$（固体）　MnCl$_2$（固体）　NiSO$_4$（固体）　FeSO$_4$（固体）　CaCl$_2$（固体）　沙子

二、操作过程及现象

在一只大烧杯的底部，铺上一层事先用水清洗干净的沙子。倒入占烧杯容积约 4/5 的 20% Na$_2$SiO$_3$ 溶液，然后将黄豆大小的各种盐（FeCl$_3$、CuCl$_2$、CoCl$_2$、MnCl$_2$、NiSO$_4$、FeSO$_4$、CaCl$_2$）的晶体投入烧杯内，让晶体较整体地沉入烧杯底部的沙子上。过一段时间后，由于各种晶体与 Na$_2$SiO$_3$ 作用，生成各种颜色的硅酸盐，就像美丽的海草从沙子中生长出来一样。待"海草"长成以后，小心地用虹吸的方法或用长滴管将烧杯内的 Na$_2$SiO$_3$ 溶液吸出，然后慢慢地往烧杯中加入清水，用表面皿将烧杯盖好。这就是化学上的硅酸盐"花园"——"水中花园"。

三、实验原理

各种金属盐类与 Na$_2$SiO$_3$ 溶液作用，在盐的晶体的表面就形成了各种颜色的金属硅酸盐薄膜，这些薄膜是难溶于水的，而且具有半渗透性。在薄膜里是溶解度大的金属盐类，薄膜外面是 Na$_2$SiO$_3$ 溶液。因此在薄膜里面很容易形成盐的浓溶液。由于渗透作用，水不断地进入薄膜，使薄膜膨胀。当达到一定压力时，薄膜即破裂，金属盐溶液从薄膜裂口处逸出，与薄膜外面的 Na$_2$SiO$_3$ 溶液作用，又生成另外一层难溶的硅酸盐薄膜。这一过程的不断重复，就像植物不断生长一样。

四、说明

（1）做本实验用市售的工业水玻璃效果要比用 Na$_2$SiO$_3$ 配制的溶液好。但因市售的工业水玻璃浓度不确切，因此在实验前需找出合适的浓度。可用密度计调节为密度约为 1.3g·mL^{-1} 的水玻璃溶液。

（2）因为水玻璃对玻璃有一定的腐蚀作用，如需较长时间保存硅酸盐"花园"，则需将水玻璃溶液换成清水。这样也使各种颜色的"海草"更清晰美丽。

阅读材料

不平凡的铝

1825 年，丹麦物理学家奥斯特以钾汞齐还原氯化铝，提炼出世界上第一块不太纯净的铝。这一实验成果，当时并没有引起科学界的注意。化学史上，一般都认为铝是德国化学家维勒最先发现的（1827 年），维勒将金属钾和无水氯化铝于坩埚中加热，冷却后投入水中得到银灰色的铝粉。在一百多年前，由于铝如此难以提炼，故被列入稀有元素，比黄金要贵得多。当时法国皇帝拿破仑三世为了显示阔绰，将他的军旗旄头上的银鹰换成铝鹰；每逢盛大国宴，他就拿出他的铝质餐具，在宾客前像炫耀国宝一样。俄罗斯化学家门捷列夫发现了元素周期律，名扬四海，当时曾接受英国皇家学会的崇高奖赏——一只铝杯。可想而知，当时要是戴上一块铝壳手表的人一定比戴上金壳手表的人身份要显赫得多。

在维勒发现铝三十年后，法国化学家得维尔用金属钠还原氯化铝，使铝正式成为工业产品。但由于当时金属钠价格昂贵，生产出来的铝比黄金还要贵好多倍，铝及其制品绝难成为普通的商品。

1886年，维勒学生的学生、21岁的美国大学生用电解法制铝获得成功。几乎在同一时间内，也是21岁的法国大学生埃罗也成功地用电解法制得了铝。由于电解法制铝的发明，使铝及其制品成为普通的商品，铝的身价也由此"一落千丈"。但铝与人类的关系却越来越密切，例如，硬币、钥匙、厨房和餐桌上的水壶、炒锅、调羹、饭盒，铝制家具乃至飞机、汽车、轮船等。衣食住行，人类似乎须臾不可离开铝。

铝元素在地壳中的含量名列第三，仅次于氧和硅，但地壳中最丰富的金属资源，铝当之无愧地排第一。现在铝的产量仅低于铁，它是与人类关系最密切的金属之一。由于铝的价格低廉，它在诸多方面成了贵金属的"替身"，如玻璃镜、传统方法是采用镀银，耗去了大量的白银，现在早已被真空镀铝所代替；包糖果、卷烟的锡纸，早已名不副实地改用了铝箔；那些几乎可以以假乱真的仿制品——黄澄澄的"铜"纽扣、廉价的"金银"首饰、衣服布料中的"金"线、"银"线等都是铝做成的。

铝的表面银光闪闪，反射光线的能力很强，可用来加工聚光灯、探照灯、太阳能灶的反射面；镀铝反射或天文望远镜可以洞察遥远的星系；镀铝的石棉防火衣，消防队员穿着可以赴汤蹈火；将镀铝的塑料薄膜贴敷于房屋和汽车的窗玻璃上，夏天可以拒炎热于外，冬天可以留温暖于内，内部可以对窗外一览无余，外部却无法窥视窗内。

铝是电的优良导体，其导电能力约为铜的60%，但铝的密度比铜的密度小得多，故相同质量的铝比铜的导电能力要强得多。高压输电线以铝代铜后，电缆重量大为减轻，可以节省不少铁塔和电杆，电机用铝线绕制，可以节省大量宝贵的铜材。

铝是亲氧元素，它不仅可以形成致密的氧化膜保护层，而且铝粉在燃烧时放出巨大的热量和耀眼的白光，所以它是火箭燃料、烈性炸药、铝焊接剂和节日焰火礼花不可缺少的原料。电化铝是通过阳极氧化形成增厚的氧化铝膜，其表面疏松多孔，可吸附染料，所以可以加工成不同颜色的成品。含有少量铬、钴、铁的天然晶体型氧化铝是名贵的红宝石、蓝宝石，由于其硬度仅次于金刚石，所以晶体型氧化铝是加工精密仪器仪表轴承的重要材料。

铝与镁、锰、铜等形成的合金，质地坚硬，用它们加工成的器皿经久耐用，抗腐蚀能力强。更重要的是这些合金是制造飞机和汽车的材料，用这样的材料可以减轻飞机和汽车的自重，便于提高速度。这样的合金用来制造舰艇，不仅抗海水腐蚀，而且不易受磁性水雷的袭击。

铝与我们人类的关系当然还可以举出很多很多的例子。然而铝也并非十全十美，例如，它的熔点较低，铝制器皿常常可能由于干烧被烧穿；要是铝壳的军舰，在炮火袭击下，也可能因大火使船身熔化。同时医学研究发现，铝及其离子对大脑神经有一定的伤害作用，我们应尽量避免铝对人体的侵入，特别年龄较大的人，应尽量少吃或不吃含铝的食品，如油条，因其中含有明矾 $[KAl(SO_4)_2]$。

实验六　氧化还原反应和电化学

一、目的要求

1. 掌握电极电势与氧化还原反应的关系。

2. 了解浓度、酸度、介质对氧化还原反应的影响。

3. 熟悉原电池的工作原理，了解电解的基础知识。

二、仪器和药品

1. 仪器

伏特计　电解槽（U形玻璃管）　铜片　锌片　导线　盐桥

2. 药品及试剂

H_2SO_4（2mol·L^{-1}）　HNO_3（3mol·L^{-1}，浓）　HAc（2mol·L^{-1}）　NaOH（2mol·L^{-1}）　KI（0.1mol·L^{-1}）　KBr（0.1mol·L^{-1}）　$FeCl_3$（0.1mol·L^{-1}）　$Pb(NO_3)_2$（0.5mol·L^{-1}）　$CuSO_4$（0.5mol·L^{-1}）　$ZnSO_4$（0.5mol·L^{-1}）　$KMnO_4$（0.01mol·L^{-1}）　Na_2SO_4（0.5mol·L^{-1}）　溴水　碘水　CCl_4　锌粒　铅粒　$(NH_4)_2Fe(SO_4)_2·6H_2O$（固）　NaCl（饱和溶液）　Na_2SO_3（固）　酚酞试液　淀粉试液

三、实验内容

1. 电极电势与氧化还原反应的关系

（1）在试管中加入 1mL 0.1mol·L^{-1} KI 溶液和 5 滴 0.1mol·L^{-1} $FeCl_3$ 溶液，摇匀后注入 0.5mL CCl_4，充分振荡，观察 CCl_4 层的颜色。

用 0.1mol·L^{-1} KBr 溶液代替 KI 溶液，做同样的实验，观察现象。

（2）在两支试管中各加入少许 $(NH_4)_2Fe(SO_4)_2·6H_2O$ 晶体，用 2mL 水溶解，然后分别加入 2~3 滴溴水和碘水，再加入少量 CCl_4 充分振荡，判断反应是否进行。

写出上述有关反应的离子方程式。根据实验结果，定性地比较 Br_2/Br^-、I_2/I^-、Fe^{3+}/Fe^{2+} 三个电对电极电势的相对高低，并指出哪种物质是最强的氧化剂，哪种物质是最强的还原剂。

（3）在分别盛有 2mL 0.5mol·L^{-1} $Pb(NO_3)_2$ 和 0.5mol·L^{-1} $CuSO_4$ 溶液的试管中，各放入一小块表面擦净的锌片，观察锌片表面和溶液颜色有无变化。以表面擦净的铅粒代替锌片，分别与 0.5mol·L^{-1} $ZnSO_4$ 溶液和 0.5mol·L^{-1} $CuSO_4$ 溶液反应，观察有无变化。根据实验结果，确定 Zn、Pb、Cu 的还原性次序。

根据上面三个实验的结果说明电极电势与氧化还原反应方向的关系。

2. 酸度对氧化还原反应的影响

在两支试管中各加入 1mL 0.1mol·L^{-1} KBr 溶液，再分别加入 2 滴 2mol·L^{-1} H_2SO_4 溶液和 3 滴 2mol·L^{-1} HAc 溶液；然后各加入 1 滴 0.01mol·L^{-1} $KMnO_4$ 溶液。观察和比较两反应的情况，并加以说明。

3. 浓度对氧化还原反应的影响

（1）浓度对反应产物的影响　向两支各盛一颗锌粒的试管中，分别加入 2 滴浓硝酸和 2mL 3mol·L^{-1} HNO_3 溶液及 2mL 水。观察第一支试管中有无红棕色 NO_2 生成，检验第二支试管中有无 NH_4^+ 生成❶。

（2）浓度对电极电势的影响　在两个 100mL 烧杯中，分别注入 30mL 0.5mol·L^{-1} $ZnSO_4$ 溶液和 0.5mol·L^{-1} $CuSO_4$ 溶液。在 $ZnSO_4$ 溶液中插入锌片，$CuSO_4$ 溶液

---

❶　NH_4^+ 的检验　将几滴被检液置于表面皿中心，加入几滴 6mol·L^{-1} NaOH 溶液混匀；在另一块较小的表面皿中心贴一小块湿润的酚酞试纸（或红色石蕊试纸），然后将它盖在较大的表面皿上做成气室，将此气室于水浴上加热。若酚酞试纸变红（或红色石蕊试纸变蓝），则表示被检液中有 NH_4^+ 存在。

中插入铜片组成两个电极，中间以盐桥相连通。用导线将锌片和铜片分别与伏特计的负极和正极相接。测定两极之间的电压。

在装有 $CuSO_4$ 溶液的烧杯中，滴加 $2mol \cdot L^{-1} NaOH$ 溶液，使 Cu^{2+} 逐渐沉淀，观察伏特计上读数如何变化。再在装有 $ZnSO_4$ 溶液的烧杯中，滴加 $2mol \cdot L^{-1} NaOH$ 溶液（注意控制量），使 Zn^{2+} 逐渐沉淀，观察伏特计上读数又如何变化。

4. 介质对氧化还原反应的影响

在 3 支试管中，各加入 $1mL$ $0.01mol \cdot L^{-1} KMnO_4$ 溶液，在第一支试管中，加入 $1mL$ $2mol \cdot L^{-1} H_2SO_4$ 溶液，在第二支试管中加入 $1mL$ $2mol \cdot L^{-1} NaOH$ 溶液，在第三支试管中加入 $1mL$ 水。再在 3 支试管中各加入少许固体 Na_2SO_3，观察现象有何不同。反应方程式为

$$2MnO_4^- + 5SO_3^{2-} + 6H^+ \longrightarrow 2Mn^{2+} + 5SO_4^{2-} + 3H_2O$$

$$2MnO_4^- + SO_3^{2-} + 2OH^- \longrightarrow 2MnO_4^{2-} + SO_4^{2-} + H_2O$$

$$2MnO_4^- + 3SO_3^{2-} + H_2O \longrightarrow 2MnO_2 \downarrow + 3SO_4^{2-} + 2OH^-$$

5. 用 Cu-Zn 原电池作电源电解 Na_2SO_4 溶液

按实验内容 3.（2）组成两个铜锌原电池，并将它们串联起来作为电源。以碳棒作电极，插入装有 $50mL$ $0.5mol \cdot L^{-1} Na_2SO_4$ 溶液和 3 滴酚酞试液的烧杯中，见图 24，观察现象。写出电解时两极的反应式。

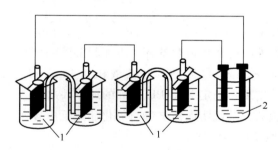

图 24 Cu-Zn 原电池作电源电解 Na_2SO_4 溶液

1—Cu-Zn 原电池；2—Na_2SO_4 溶液

6. 电解饱和食盐水溶液

按图 25 组装电解槽，在 U 形管中装入饱和 NaCl 溶液。然后在阳极附近的液面滴 1 滴淀粉试液和 1 滴 $0.1mol \cdot L^{-1} KI$ 溶液，阴极附近液面滴 1 滴酚酞试液。接通电源，观察现象。写出电极反应方程式和总反应方程式。

四、思考题

1. 电极电势值的大小与氧化还原反应有何关系？

2. 酸度的大小，对 $KMnO_4$ 的氧化性有何影响？

3. 在铜半电池中，$c(Cu^{2+})$ 下降，$\varphi(Cu^{2+}/Cu)$ 如何变化？在锌半电池中，$c(Zn^{2+})$ 下降，$\varphi(Zn^{2+}/Zn)$ 如何变化？整个 Cu-Zn 原电池的电动势如何变化？

4. 原电池的正极和负极各发生什么反应？电解池的阳极和阴极各发生什么反应？

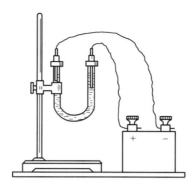

图 25　电解饱和食盐水溶液

 课外实验

铝制器皿刻字

一、仪器和药品

台秤　小烧杯　玻璃棒　量筒　酒精灯　铁三脚架　石棉网　滴管　铝制器皿（如饭盒）　洗洁精　砂纸　毛笔　油漆　香蕉水　$CuSO_4 \cdot 5H_2O$(固)　$FeCl_3$(固)　HCl($2mol \cdot L^{-1}$)

二、腐蚀液的配制

称取 15g $CuSO_4 \cdot 5H_2O$ 晶体和 2g $FeCl_3$ 晶体于小烧杯中，加水 50mL，搅拌，使其溶解，放在石棉网上，用酒精灯小火加热至近沸，溶液变成墨绿色。

三、操作过程

用洗洁精将铝制器皿表面的油污清洗干净，再用细砂纸将铝制器皿表面反复擦拭成银白色。用毛笔蘸取较稀的油漆（若油漆太稠，可用适量香蕉水调稀）在铝制器皿表面的合适位置写上需要刻蚀的字或画上需要的图案，放置。待字画晾干后，在字画周围滴几滴 $2mol \cdot L^{-1}$ HCl 溶液，清除掉油漆字画旁的氧化铝薄膜。然后再滴入几滴热的腐蚀液。这时可观察到腐蚀液与铝剧烈反应所产生的红棕色的疏松物质。几分钟后再滴入几滴腐蚀液。放置约半小时后，反复用水冲洗干净铝制器皿表面的腐蚀液，晾干，用细砂纸轻轻擦去字画上的油漆。

四、实验原理

用稀盐酸清除铝制器皿表面氧化膜的反应式为

$$Al_2O_3 + 6HCl \longrightarrow 2AlCl_3 + 3H_2O$$

腐蚀液与铝作用的反应式为

$$2Al + 3CuSO_4 \longrightarrow Al_2(SO_4)_3 + 3Cu \downarrow$$

$$Al + FeCl_3 \longrightarrow AlCl_3 + Fe \downarrow$$

刻蚀过程中，在铝制器皿表面生成的红棕色的疏松物质主要是铜的微粒。在腐蚀液中，

加入 $FeCl_3$ 是为了利用 Al 与 $FeCl_3$ 反应生成的 Fe 来置换出更多的铜。其反应式为

$$Fe + CuSO_4 \longrightarrow FeSO_4 + Cu \downarrow$$

由于铜的微粒在铝制器皿的表面与铝形成了无数个微小的原电池，在微电池中，铝比铜活泼，是负极、发生失电子反应，受到腐蚀，其电极反应式为

$$Al - 3e \longrightarrow Al^{3+}$$

铜作为原电池的正极，其电极上发生的反应为

$$2H^+ + 2e \longrightarrow H_2$$

这样铝制器皿就被腐蚀，油漆覆盖的部位则被保护起来未受腐蚀，最后留下凸出的字画。

五、注意事项

（1）滴入腐蚀液的次数和腐蚀时间的长短，要根据刻蚀程度的需要来确定，实验中，要细心观察，灵活掌握。

（2）刻蚀完成后，要将铝制器皿反复用水冲洗干净，以免残留腐蚀液在铝制器皿的表面形成斑点。

 阅读材料

金属的钝化

所谓金属的钝化，是指那些本来比较活泼的金属或合金由于表面状态的变化，使原来的溶解或腐蚀速度显著减慢，由活泼态变为不活泼态的过程。这种经钝化后处于不活泼状态的金属，称为钝态金属。由于钝化以后金属表面形成了紧密的氧化物保护薄膜，因而使金属不易被腐蚀。

根据达到钝化的途径不同，钝化可分为电化学钝化和化学钝化两种。

电化学钝化是利用直流电源，使金属阳极进入钝化状态的钝化。这种钝化是金属阳极的电极电势随着时间的推移而变大，使金属阳极的溶解速度不断下降造成的。金属的电化学钝化是电镀生产中一种常见的现象。这种钝化常常给电镀生产带来一些不良的影响，如在镀锌的碱性溶液中，可能会由于电化学钝化而影响阳极的正常溶解。又如在碱性的镀锡溶液中，可能会由于电化学钝化，使锡阳极生成坚固的钝化膜造成电镀液中锡离子浓度不断下降而破坏电镀液的稳定。像这样的电化学钝化现象都是生产中需要防止的。在电镀中同时也可以利用电化学钝化的特性提高镀层质量，如在碱性镀锡溶液中，为避免锡阳极溶解时形成 Sn^{2+}，使镀层疏松发暗，常使锡阳极在电镀前预先进入半钝化状态而以形成 Sn^{4+} 形式溶解，从而使阴极镀层美观细密。

化学钝化是使金属处于化学试剂中发生的钝化现象。能使金属发生化学钝化的化学试剂称为钝化剂。如铁浸于稀硝酸中会被强烈腐蚀，但当硝酸浓度在室温下增大到 $10 \sim 12 mol \cdot L^{-1}$ 时，铁则由活化状态转变为钝化状态。除硝酸外，可作为钝化剂的还有如硝酸银、氯酸钾、重铬酸钾、高锰酸钾等强氧化剂物质。有些金属不一定要很强的氧化剂便可钝化，如铝、铬等金属一遇氧即可自发钝化。这一类金属的钝化状态是稳定的，在受到偶然性破坏后都能重新恢复。还有个别金属能在个别场合下被非氧化性介质钝化，如镁能在氢氟酸中被钝化。金属的化学钝化会使金属的溶解受到影响，但它也给人们带来了不少方便，如可以用铁槽罐和铁槽车来储运浓硫酸和浓硝酸，将铬加入钢铁中加工不锈钢等。

钢铁是世界上利用量最大的金属，但也是因腐蚀损失量最大的金属，钢铁发蓝（发黑）——使钢铁表面形成一层钝化膜保护层是钢铁防腐最常见的方法之一。它是把钢铁制件浸入含有浓氢氧化钠、亚硝酸钠、硝酸钠的溶液中，在 150℃ 左右的温度下进行处理，反应的大概情况是

$$Fe + [O] + 2NaOH \longrightarrow \underset{\text{亚铁酸钠}}{Na_2FeO_2} + H_2O$$

$$2Fe + 3[O] + 2NaOH \longrightarrow Na_2Fe_2O_4 + H_2O$$

铁酸钠

$$Na_2FeO_2 + Na_2Fe_2O_4 + 2H_2O \longrightarrow Fe_3O_4 \downarrow + 4NaOH$$

处理结果是在钢铁制件的表面形成一层蓝黑色或深蓝色的磁性氧化铁薄膜，从而增加了钢铁制件的抗腐蚀性和美观度。这一方法广泛应用于机器零件、仪器仪表零件及军械制造工业中。

实验七　氮族元素的重要化合物

一、目的要求

1. 掌握 NH_3 的实验室制备和性质。

2. 熟悉铵盐的性质和检验。

3. 熟悉 HNO_2 及其盐以及它们的性质。

4. 熟悉磷酸盐的性质。

5. 了解 $NaBiO_3$ 的氧化性。

二、仪器和药品

1. 仪器

带塞直角玻璃导管（配大试管）　台秤　小号胶塞

2. 药品及试剂

$Ca(OH)_2$（固）　NH_4Cl（固）　NH_4NO_3（固）　$(NH_4)_2SO_4$（固）　$(NH_4)_2CO_3$（固）　KNO_3（固）　$NaNO_2$（固，饱和溶液）　KI（$0.1mol \cdot L^{-1}$）　$KMnO_4$（$0.01mol \cdot L^{-1}$）　HCl（浓，$2mol \cdot L^{-1}$）　H_2SO_4（$2mol \cdot L^{-1}$，$6mol \cdot L^{-1}$）　HNO_3（$3mol \cdot L^{-1}$，浓）铜片 $NaOH$（$6mol \cdot L^{-1}$）　$NH_3 \cdot H_2O$（浓）　石蕊试纸　木炭　Na_3PO_4（$0.1mol \cdot L^{-1}$）　Na_2HPO_4（$0.1mol \cdot L^{-1}$）　NaH_2PO_4（$0.1mol \cdot L^{-1}$）　$AgNO_3$（$0.1mol \cdot L^{-1}$）$MnSO_4$（$0.02mol \cdot L^{-1}$）　$NaBiO_3$（固体）　pH 试纸　$CaCl_2$（$0.1mol \cdot L^{-1}$）

三、实验内容

1. NH_3 的制备和性质

（1）将研细的 $Ca(OH)_2$ 固体和 NH_4Cl 固体各 3g 在纸上混合均匀后，装入一支干燥的大试管中，按图 26 装置好。加热，用向下排空气法收集一试管 NH_3，用胶塞塞好待用。写出制备 NH_3 的反应方程式。

将充满 NH_3 的试管倒插于盛有水的烧杯中，在水下打开胶塞，观察现象，并加以说明。写出反应方程式。

用手指堵住试管口，将试管自水中取出，用 pH 试纸测定其中溶液的酸碱性。

（2）在坩埚内滴入 5 滴浓氨水，在小烧杯中沿杯壁滴入（使之浸润杯壁）5 滴浓盐酸，然后将烧杯倒扣在坩埚上，观察现象并加以说明。写出反应方程式。

2. 铵盐的性质及检验

（1）在 3 支试管中，分别加入黄豆大小的 NH_4NO_3、$(NH_4)_2SO_4$、$(NH_4)_2CO_3$ 晶体，再各加入 2mL 水，振荡。观察铵盐的溶解情况，用 pH 试纸测定它们的酸碱性并加以说明。

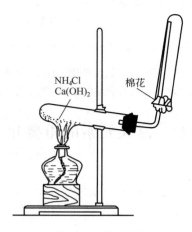

图 26 氨的制备

（2）在试管中加入 1g 左右 NH_4Cl 晶体，管口朝上，将其固定于铁架台上，加热试管底部。用湿润的石蕊试纸（应用什么颜色的?）在试管口检验逸出的气体。观察石蕊试纸颜色的变化和试管上部白霜状物质的生成。写出反应方程式。

（3）在试管中放入一小药匙 $(NH_4)_2SO_4$ 晶体，再加入 2mL $6mol \cdot L^{-1}$ NaOH 溶液，用湿润的红色石蕊试纸检验放出的气体。写出反应方程式。

3. HNO_2 及其盐的性质

（1）将盛有约 1mL 饱和 $NaNO_2$ 溶液的试管置于冷水浴中，加入 1mL $6mol \cdot L^{-1}$ H_2SO_4 溶液，轻轻振荡，可观察到浅蓝色气体产生后继而变为红棕色气体（立即将试管倒插入于盛有水的烧杯中）。反应方程式为

$$2NaNO_2 + H_2SO_4 \longrightarrow Na_2SO_4 + 2HNO_2$$

$$2HNO_2 \longrightarrow H_2O + N_2O_3$$
（浅蓝色）

$$N_2O_3 \longrightarrow NO + NO_2$$
（红棕色）

$$2NO + O_2 \longrightarrow 2NO_2$$
（红棕色）

（2）在试管中加入 $0.1mol \cdot L^{-1}$ KI 溶液和 $2mol \cdot L^{-1}$ H_2SO_4 溶液各 1mL，再加入少许 $NaNO_2$ 晶体，振荡试管，观察 I_2 的析出。写出反应方程式。

（3）在试管中加入 1mL $0.01mol \cdot L^{-1}$ $KMnO_4$ 溶液和 0.5mL $2mol \cdot L^{-1}$ H_2SO_4 溶液，再加入少许 $NaNO_2$ 晶体，振荡试管，观察溶液中 $KMnO_4$ 颜色褪去。写出反应方程式。

4. HNO_3 及其盐的性质

（1）在试管中放入一小块铜片，加入约 1mL 浓硝酸，观察产生的气体和溶液的颜色。然后向试管中加入约 5mL 水，观察反应情况的变化。写出铜与浓硝酸、稀硝酸的

反应方程式。

（2）在试管中放入约 1g KNO_3 晶体，加热至熔化，至产生气体时离开火焰，迅速向试管中投入一小块木炭，观察现象。其反应方程式为

$$2KNO_3 \xrightarrow{\triangle} 2KNO_2 + O_2 \uparrow$$

$$C + 2KNO_3 \xrightarrow{\triangle} 2KNO_2 + CO_2 \uparrow$$

5. 磷酸盐的性质

（1）用 pH 试纸分别测定浓度均为 $0.1mol \cdot L^{-1}$ Na_3PO_4、Na_2HPO_4、NaH_2PO_4 溶液的酸碱性。并简要说明。

（2）在试管中加入约 $2mL$ $0.1mol \cdot L^{-1}$ Na_3PO_4 溶液，再加入约 $1mL$ $0.1mol \cdot L^{-1}CaCl_2$ 溶液，观察沉淀的产生。写出反应方程式。然后向试管中滴加 $2mol \cdot L^{-1}$ HCl 溶液，振荡试管，观察现象。写出反应方程式。

（3）在试管中加入约 $1mL$ $0.1mol \cdot L^{-1}$ Na_3PO_4 溶液，再滴加 $0.1mol \cdot L^{-1}$ $AgNO_3$ 溶液，观察沉淀的产生。写出反应方程式。然后向试管中滴加 $3mol \cdot L^{-1}$ HNO_3 溶液，观察现象。写出反应方程式。

6. 铋酸钠的氧化性

在试管中加入约 $4mL$ $3mol \cdot L^{-1}$ HNO_3 溶液及约 $1mL$ $0.02mol \cdot L^{-1}$ $MnSO_4$ 溶液，然后再加入黄豆大小的 $NaBiO_3$ 晶体，微热，观察溶液出现紫红色。其反应方程式为

$$2Mn^{2+} + 5NaBiO_3 + 14H^+ \longrightarrow 2MnO_4^- + 5Bi^{3+} + 5Na^+ + 7H_2O$$

四、思考题

1. 怎样收集氨气？可否用排水集气法收集氨气，为什么？

2. 亚硝酸盐具有哪些重要性质？在试验 $NaNO_2$ 与 KI 和 $KMnO_4$ 反应时，总伴随有气体产生，为什么？

3. 铜与浓硝酸和稀硝酸分别作用时，其现象有何不同？

4. 活泼性不同的金属的硝酸盐，热分解反应的产物是否相同？有何规律？

5. Na_3PO_4、Na_2HPO_4、NaH_2PO_4 水溶液的酸碱性是否相同？为什么？

课外实验
不用点火烛自明

一、仪器和药品

小烧杯　镊子　玻璃片　滴管　蜡烛　小刀　CS_2　白磷

二、实验准备

配制白磷 CS_2 溶液：取 $5mL$ CS_2 放入小烧杯中，用镊子夹取约蚕豆大小的白磷一并放入小烧杯中，盖上玻璃片，轻轻摇动小烧杯，使白磷溶解。

三、操作过程

取蜡烛两支，先用小刀将蜡烛头削去一部分，让蜡烛芯显露出约 1cm。然后将蜡烛

固定在操作台上，再用滴管吸取 CS_2 滴于蜡烛芯上，将蜡烛芯清洗一下。

用滴管吸取配制好的白磷 CS_2 溶液，在每支蜡烛芯上滴几滴。过一会便可观察到蜡烛自行燃烧起来，并冒出丝丝白烟。

四、实验原理说明

白磷的燃点低，大约在 $34\sim45℃$，干燥的空气很容易达到该温度。因此，白磷可以在空气中自燃。CS_2 是一种溶剂，根据"相似相溶"原理，白磷很容易溶于 CS_2。把白磷的 CS_2 溶液滴于烛芯，待 CS_2 挥发后，烛芯上的白磷与空气接触，则发生剧烈氧化并放热，便使蜡烛燃烧起来。反应方程式为

$$4P + 5O_2 \longrightarrow 2P_2O_5 + Q$$

阅读材料

生物固氮和人工固氮

植物在生长过程中，必须吸收含氮养料。空气中含有大量的游离氮，但大多数植物却不能直接从空气中吸收游离状态的氮，而只能吸收氮的化合物。因此必须将空气中的游离氮转变为氮的化合物。这种将空气中游离氮转变为氮的化合物的过程，统称为氮的固定。

目前人类固定氮的方法是在高温、高压和催化剂的条件下将 N_2 和 H_2 合成氨

$$N_2 + 3H_2 \xrightarrow[\text{催化剂}]{\text{高温，高压}} 2NH_3$$

这种固定氮的方法，既要使用昂贵的催化剂，又要消耗大量的能量，成本很高。

自然界中，豆科类、苜蓿类植物根部可以结瘤固氮，能把空气中的 N_2 变为氨作为养料直接吸收，这样的植物就可以不施或少施氮肥。因此科学工作者正在积极研究非豆科类植物人工诱发固氮的课题，期望植物依靠自身来解决所需氮肥的来源。如果这项研究获得成功，就可以节约大量的能源和设备。

研究发现，固氮菌和植物的共生关系十分复杂，并且具有高度的专一性，要解决低温低压固氮，首先必须解决这种专一性问题；固氮菌是通过其体内的固氮酶（据研究是由铁蛋白和铁钼蛋白按比例结合而成的）的作用将空气中的氮转化为氨的。固氮酶遇氧会发生反应而丧失其活性，豆科类植物中的固氮酶在进化过程中都形成了独特的保护系统，使植物既能有效地进行有氧呼吸，又能保护固氮酶不受氧的危害。要成功地进行人工诱发非豆科类植物固氮，必须成功地诱发出类似的保护组织。这是人工低温低压固氮的又一难题。

经过研究目前已经了解到分子态的 N_2 通过固氮酶的作用可以逐步还原形成联氨，联氨可以生成氨。科学工作者所做的固氮酶的化学模拟是用 Ti^{3+}、Cr^{3+} 等作还原剂从水中释放出 H_2，用钼化合物作催化剂使 H_2 与 N_2 结合生成联氨和氨，在酶促反应中联氨将进一步被还原。在这个模拟中，联氨的产量几秒便可达到 $10\%\sim20\%$（自然界中固氮过程的速率也是极高的），温度升高便可释放出氨。显然，模拟生物酶进行人工合成氨如果取得完全成功，合成氨必将发生根本性的改变。相信在科学工作者的不懈努力下，低温、低压、低成本的人工固氮一定会如期到来。

实验八　氧和硫的重要化合物

一、目的要求

1. 熟悉 H_2O_2 的氧化性和还原性。
2. 熟悉 H_2S 的实验室制备和性质。

3. 熟悉 SO_2 的实验室制备及性质。

4. 掌握浓硫酸的特性和 SO_4^{2-} 的检验。

5. 了解 $Na_2S_2O_3$ 的性质。

二、仪器和药品

1. 仪器

带塞导气管　启普发生器　瓷坩埚盖

2. 药品与试剂

$KI(0.1mol \cdot L^{-1})$　$H_2SO_4(0.1mol \cdot L^{-1}，2mol \cdot L^{-1}，浓)$　淀粉溶液(0.2%) H_2O_2 (3%)　$KMnO_4(0.01mol \cdot L^{-1})$　FeS(固)　石蕊试纸　pH试纸　溴水　$FeCl_3(0.1mol \cdot L^{-1})$　$HNO_3(3mol \cdot L^{-1})$ Na_2SO_3(固)　品红溶液　铜片　$Na_2SO_4(0.1mol \cdot L^{-1})$　$Na_2CO_3(0.1mol \cdot L^{-1})$　$BaCl_2(0.1mol \cdot L^{-1})$　$Na_2S_2O_3(0.1mol \cdot L^{-1})$　碘水

三、实验内容

1. H_2O_2 的氧化性和还原性

（1）在试管中加入 1mL $0.1mol \cdot L^{-1}$ KI溶液、1mL $2mol \cdot L^{-1}$ H_2SO_4 溶液和 3～5 滴淀粉溶液，然后滴加 $3\%H_2O_2$ 溶液，观察溶液颜色的变化。写出反应方程式。

（2）在试管中加入 1mL $2mol \cdot L^{-1}$ H_2SO_4 溶液和 1mL $0.01mol \cdot L^{-1}$ $KMnO_4$ 溶液，然后滴加 $3\%H_2O_2$ 溶液，观察溶液颜色的变化。写出反应方程式。

2. H_2S 的制备和性质

（1）在启普发生器中装入块状 FeS，于通风橱内装配好启普发生器，加入 $2mol \cdot L^{-1}H_2SO_4$ 溶液，使其与 FeS 反应，观察气体的产生。写出反应方程式。

当 H_2S 气体剧烈发生时，待启普发生器内空气排尽，在导气管口将 H_2S 点燃，观察火焰的颜色。用一干燥的烧杯罩在火焰上，观察烧杯壁上水珠的生成，同时将湿润的蓝色石蕊试纸置于火焰上方，观察试纸颜色的变化。写出反应方程式。

将一冷的瓷坩埚盖盖住 H_2S 火焰，观察坩埚盖上硫黄的生成。写出反应方程式。

将发生 H_2S 气体的导气管插入盛有水的试管，通入 H_2S 气体 3～5min，制成 H_2S 水溶液备用。

（2）用 pH 试纸测定 H_2S 水溶液的酸碱性。

（3）在试管中注入上述 H_2S 水溶液 1mL，然后滴加溴水，观察溶液颜色的变化。写出反应方程式。

（4）在试管中加入 5 滴 $0.01mol \cdot L^{-1}$ $KMnO_4$ 溶液，以 5 滴 $2mol \cdot L^{-1}$ H_2SO_4 溶液酸化，然后滴加 H_2S 水溶液，振荡试管，观察溶液颜色的变化。反应方程式为

$$2MnO_4^- + 5H_2S + 6H^+ \longrightarrow 2Mn^{2+} + 5S\downarrow + 8H_2O$$

（5）在试管中加入 5～10 滴 $0.1mol \cdot L^{-1}FeCl_3$ 溶液和 1mL H_2S 水溶液，振荡试管，观察现象。反应方程式为

$$2FeCl_3 + H_2S \longrightarrow 2FeCl_2 + S\downarrow + 2HCl$$

3. SO_2 的制备和性质

（1）在有带塞导气管的试管中加入一药匙固体 Na_2SO_3 和 2～3mL 浓硫酸，加热，

将湿润的蓝色石蕊试纸靠近导气管口，观察试纸颜色的变化。写出反应方程式。

（2）将上述发生 SO_2 的导气管插入装有 3mL H_2S 水溶液的试管中，观察现象。写出反应方程式。

（3）在试管中加约黄豆大小的 Na_2SO_3 固体和 1mL 浓硫酸，滴入品红溶液约 1mL，观察现象。然后将试管加热，观察又有何现象。

4. 浓硫酸❶的特性

（1）在试管中加入少许浓硫酸，然后投入如火柴杆大小的小木条，观察现象。

（2）在试管中放入一小块铜片，然后加入 2～3mL 浓硫酸，加热，观察现象，并以湿润的蓝色石蕊试纸检验试管口放出的气体。写出反应方程式。冷却后，将试管内的溶液倒入盛有 10～15mL 水的烧杯中，观察溶液的颜色。

5. SO_4^{2-} 的检验

在 3 支试管中分别加入 2mL 0.1mol·L^{-1} H_2SO_4 溶液、0.1mol·L^{-1} Na_2SO_3 溶液、0.1mol·L^{-1} Na_2CO_3 溶液，再各加入 1mL 0.1mol·L^{-1} $BaCl_2$ 溶液，观察白色沉淀的产生。写出反应方程式。然后向每支试管中滴加 3mol·L^{-1} HNO_3 溶液，振荡试管，观察沉淀的溶解情况。写出有关的反应方程式。说明如何检验 SO_4^{2-}。

6. $Na_2S_2O_3$ 的性质

（1）在试管中加入 1mL 0.1mol·L^{-1} $Na_2S_2O_3$ 溶液，然后滴加 2mol·L^{-1} H_2SO_4 溶液，振荡试管，观察现象。写出反应方程式。

（2）在试管中加入 0.5mL 碘水和 2～3 滴淀粉溶液，然后滴加 0.1mol·L^{-1} $Na_2S_2O_3$ 溶液，振荡试管，观察溶液颜色的变化。写出反应方程式。

四、思考题

1. 说明 H_2O_2 既具有氧化性，又具有还原性。

2. H_2S 在充足的空气中和不足的空气中燃烧时产物有何不同？

3. H_2S 的主要化学性质是什么？长期放置的 H_2S 水溶液为什么会出现浑浊？

4. 浓硫酸有哪些主要特性？

5. 如何鉴定 SO_4^{2-}？

课外实验

Ⅰ. 玻璃棒点酒精灯

一、仪器和药品

坩埚　酒精灯　玻璃棒　滴管　$KMnO_4$（粉末）　H_2SO_4（浓）

---

❶　浓硫酸具有强烈的吸水性。浓硫酸溶于水时，能与水形成一系列稳定的水合物，如 $H_2SO_4·H_2O$、$H_2SO_4·2H_2O$、$H_2SO_4·4H_2O$ 等。浓硫酸在吸水时放出大量的热，从而使溶液温度猛烈上升。因此稀释浓硫酸时，只能将浓硫酸缓缓倒入水中，并不断加以搅拌。若反向进行操作，则会造成局部过热而暴沸，导致硫酸飞溅伤人。

浓硫酸具有强烈的脱水性。浓硫酸不仅能吸收游离的水分，还能从含有氢和氧的有机物分子中按 H_2O 的组成夺取水，使有机物炭化。因此浓硫酸能严重地破坏动植物组织，有强烈的腐蚀性。

所以，使用浓硫酸时一定要严格操作，注意安全。

二、操作过程及现象

取 1～2g$KMnO_4$ 粉末置于小坩埚中，用滴管滴入浓硫酸，边滴边用玻璃棒轻轻将混合物搅拌至成浓稠状。然后用玻璃棒蘸取 $KMnO_4$ 与浓硫酸的混合物向盛有酒精的酒精灯的灯芯上沾一沾。这时可观察到酒精灯立刻点着。

三、实验原理及现象说明

浓硫酸和 $KMnO_4$ 都是强氧化剂，当它们的混合物与酒精灯灯芯上的酒精接触后，立即产生大量的热，使酒精达到着火点。从而使酒精灯被点着。

Ⅱ．"黑面包"实验

一、仪器和药品

蔗糖（可用市售白糖）　H_2SO_4（浓）　烧杯（150mL）　量筒　玻璃棒　滴管

二、操作过程及现象

取约 50g 已研细的蔗糖置于 150mL 烧杯中，用滴管滴入约 5mL 水将蔗糖润湿，搅匀。向烧杯中迅速倒入 25mL 浓硫酸，用力快速搅拌。当浓硫酸与蔗糖开始反应后，立即将玻璃棒垂直立于烧杯中央。这时可观察到烧杯内物质变黑并膨胀成体积很大的疏松多孔的物质固定在玻璃棒周围。同时产生大量的热。

注：本实验若以小组进行，可将蔗糖、水、浓硫酸均减半于 100mL 烧杯中进行。注意润湿蔗糖时水不能太多。烧杯最好置于搪瓷盘中，以免污染操作台。

三、实验原理及现象说明

浓硫酸具有强烈的吸水性，它能将有机物中的氢、氧元素按 H_2O 的组成脱出。所以蔗糖被浓硫酸脱水而炭化。

$$C_{12}H_{22}O_{11} \xrightarrow{H_2SO_4（浓）} 12C + 11H_2O$$

由于浓硫酸同时具有强氧化性，生成的 C 继续被浓硫酸氧化。

$$2H_2SO_4 + C \longrightarrow 2SO_2\uparrow + CO_2\uparrow + 2H_2O\uparrow$$

产生的大量的气体将其中的 C 推挤出无数空（孔）隙，形成体积很大的疏松多孔的"面包"状。故该实验称为"黑面包"实验，它集中体现了浓硫酸的吸水性、脱水性和氧化性。

阅读材料

当心硫化氢

硫化氢中的硫因为处于最低价态，因此硫化氢具有较强的还原性，故硫化氢在一些反应中是较好的还原剂。由于大量金属硫化物是微溶或难溶的化合物，使硫化氢在阳离子的分组鉴定中有着重要的应用。但是硫化氢是一种具有腐蛋恶臭气味的剧毒气体，吸入少量轻度中毒便会引起头痛、眩晕和恶心，大量吸入便会引起严重中毒导致昏迷甚至死亡。空气中硫化氢含量达到 0.05% 即可闻到其臭味，工业生产中空气中的最高允许含量为 $0.01mg \cdot L^{-1}$。硫化氢中毒是由于它能与血红素中的 Fe^{2+} 作用生成 FeS 沉淀，使 Fe^{2+} 失去其在血液中正常的生理作用。因此在工作和生活中应该高度注意，当心硫化氢中毒。特别是从事硫化物药剂和下水道工作的人员，应该主动采取防护措施，因为硫化氢虽然具有恶臭，但容易使人习惯，久而不知其臭而中毒。

在某地曾有一游泳池利用冬天淡季来腌制咸菜后，没有及时将留下的卤汁清除掉，到天气转暖时，下去清理游泳池的工作人员，接二连三倒下好几人，其中还有因中毒时间较长引起昏迷乃至死亡的。究其原因就是游泳池里的咸菜卤汁里含有的蛋白质腐败产生了硫化氢气体，当搅拌时则大量散出，导致工作人员在短时间内大量吸入硫化氢而中毒。农村中利用密闭粪池积肥发酵或制备沼气，也可能产生硫化氢气体，因此也应谨防硫化氢中毒。

硫化氢急性中毒的症状为流泪，眼部有烧灼感、怕光、结膜充血，剧烈咳嗽、胸闷、恶心、呕吐、头晕、头痛。随着中毒的加深，甚至可能出现呼吸困难、心慌、高度兴奋、狂躁不安，或引起抽风、意识模糊，最后陷入昏迷、人事不省、颜面乃至全身青紫。在 $0.98mg \cdot L^{-1}$ 以上的浓度下只需 15min 便可使中毒者陷入昏迷，随之则因呼吸麻痹而死亡。

发生硫化氢中毒时，应尽快将患者移离中毒现场至通风处，解开衣扣和裤带，必要时进行人工呼吸和心脏挤压，急速送医院救治。

在含硫化氢的环境中进行操作应切实做好安全防护工作，注意室内通风。特别是去下水道、阴沟、粪池操作时，应事先作充分通风后再开始操作。

实验九　配位化合物

一、目的要求

1. 掌握配位化合物的生成和组成。
2. 熟悉配位平衡及其移动。
3. 熟悉配位平衡与氧化还原反应的关系。

二、药品及试剂

H_2SO_4（$2mol \cdot L^{-1}$）　　NaOH（$0.1mol \cdot L^{-1}$）　　$HgCl_2$（$0.1mol \cdot L^{-1}$）　　$NH_3 \cdot H_2O$（$6mol \cdot L^{-1}$）　　KI（$0.1mol \cdot L^{-1}$）　　$CuSO_4$（$0.1mol \cdot L^{-1}$）　　$BaCl_2$（$0.1mol \cdot L^{-1}$）　　$FeCl_3$（$0.1mol \cdot L^{-1}$，$1mol \cdot L^{-1}$）　　CCl_4　　$K_3[Fe(CN)_6]$（$0.1mol \cdot L^{-1}$）　　$NH_4Fe(SO_4)_2$（$0.1mol \cdot L^{-1}$）　　KSCN（$0.1mol \cdot L^{-1}$）　　NaF（$1mol \cdot L^{-1}$）

三、实验内容

1. 配合物的生成和组成

（1）在试管中加入 3 滴 $0.1mol \cdot L^{-1}$ $HgCl_2$（毒！）溶液，逐滴加入 $0.1mol \cdot L^{-1}$ KI 溶液，观察橘红色 HgI_2 沉淀的产生。继续滴加 KI 溶液，观察现象。写出反应方程式。

（2）在试管中加入 1mL $0.1mol \cdot L^{-1}$ $CuSO_4$ 溶液，逐滴加入 $6mol \cdot L^{-1}$ $NH_3 \cdot H_2O$，观察蓝色 $Cu_2(OH)_2SO_4$ 沉淀的产生。继续滴加 $NH_3 \cdot H_2O$，观察现象。反应方程式为

$$2CuSO_4 + 2NH_3 \cdot H_2O \longrightarrow Cu_2(OH)_2SO_4 \downarrow + (NH_4)_2SO_4$$

$$Cu_2(OH)_2SO_4 + 8NH_3 \longrightarrow [Cu(NH_3)_4]SO_4 + [Cu(NH_3)_4](OH)_2$$

将上述所得溶液加入过量 $NH_3 \cdot H_2O$ 后分成两份。其中一份滴加少量 $0.1mol \cdot L^{-1}$ NaOH 溶液，另一份滴加 $0.1mol \cdot L^{-1}$ $BaCl_2$ 溶液，观察现象并加以说明。写出有关的离子方程式。

（3）在 3 支试管中，分别加入 1mL $0.1mol \cdot L^{-1}$ $FeCl_3$ 溶液、1mL $0.1mol \cdot L^{-1}$ $NH_4Fe(SO_4)_2$ 溶液、1mL $0.1mol \cdot L^{-1}$ $K_3[Fe(CN)_6]$溶液，然后在每支试管中均滴入 $0.1mol \cdot L^{-1}$ KSCN 溶液，观察现象并加以说明。写出有关的离子方程式。

2. 配位平衡及其移动

（1）在一支大试管中加入 5 滴 $0.1mol \cdot L^{-1}$ $FeCl_3$ 溶液，再以约 10mL 水稀释，然

后滴入 5 滴 $0.1mol \cdot L^{-1}KSCN$ 溶液，振荡试管，观察现象。写出反应的离子方程式。

将上述溶液分成 3 份。第一份溶液中加入 $0.5mL$ $1mol \cdot L^{-1}FeCl_3$ 溶液；第二份溶液中加入 $0.5mL$ $0.1mol \cdot L^{-1}KSCN$ 溶液；第三份溶液与其他两份溶液进行比较。观察现象，说明配位平衡移动的情况。

（2）在试管中加入 $1mL$ $0.1mol \cdot L^{-1}CuSO_4$ 溶液，逐滴加入 $6mol \cdot L^{-1}NH_3 \cdot H_2O$ 至形成的沉淀刚好消失。写出反应的离子方程式。

将上述溶液分成两份。一份用滴管加水稀释，另一份滴入 $2mol \cdot L^{-1}H_2SO_4$ 溶液，观察现象，说明配位平衡移动的情况。

3. 配位平衡与氧化还原反应

在试管中加入 $1mL$ $0.1mol \cdot L^{-1}FeCl_3$ 溶液，再加入 $1mL$ $0.1mol \cdot L^{-1}KI$ 溶液，然后滴入 $5 \sim 10$ 滴 CCl_4，振荡，观察现象。写出反应方程式。

另取一支试管，加入 $1mL$ $0.1mol \cdot L^{-1}FeCl_3$ 溶液，滴加 $1mol \cdot L^{-1}NaF$ 溶液至溶液变为无色，再加入 $1mL$ $0.1mol \cdot L^{-1}KI$ 溶液和 $5 \sim 10$ 滴 CCl_4，振荡，观察 CCl_4 层中的颜色。写出有关反应的离子方程式。

说明上述实验中产生的不同现象。

四、思考题

1. 配合物与简单化合物有何不同？

2. 配合物与复盐在结构上有何区别？性质有何不同？

3. 在 $Cu(NH_3)_4^{2+}$ 的平衡体系中，加入 H_2SO_4 后有何现象产生？为什么？

4. 为什么在 $FeCl_3$ 溶液中加入 NaF 溶液后，KI 就不能被氧化？

课外实验

离子分离

利用形成配合物进行离子分离是化学工艺和化学分析中采用的重要方法，特别是在稀有元素的分离中具有重要的意义。这里进行的是几种常见离子的分离，目的在于使同学们了解利用配位理论分离离子的可能性和重要意义。

分离 Fe^{3+}、Al^{3+}、Zn^{2+}、Cu^{2+}

一、仪器和药品

烧杯 漏斗 定性圆滤纸 搅棒 酒精灯等 Fe^{3+}、Al^{3+}、Zn^{2+}、Cu^{2+} 混合溶液（各离子浓度约 $0.1mol \cdot L^{-1}$） $NH_3 \cdot H_2O$（$6mol \cdot L^{-1}$） $NaOH$（$2mol \cdot L^{-1}$） HCl（$2mol \cdot L^{-1}$）

二、操作过程

取含 Fe^{3+}、Al^{3+}、Zn^{2+}、Cu^{2+} 的混合溶液 $10mL$ 于 $100mL$ 烧杯中，加入 $10mL$ $2mol \cdot L^{-1}$ $NaOH$ 溶液，充分搅拌后过滤。滤液用 $100mL$ 烧杯承接，沉淀暂存于滤纸上并仍置于漏斗中。

在上述所得滤液中滴加 $2mol \cdot L^{-1}HCl$ 溶液至生成的沉淀全部溶解。加入 $5mL$ $6mol \cdot L^{-1}NH_3 \cdot H_2O$，搅拌，过滤。滤液用 $100mL$ 烧杯承接，将滤液加热并向其中

滴加 $2mol \cdot L^{-1}$ HCl 溶液至产生的沉淀溶解便得 Zn^{2+} 溶液；将沉淀转入 100mL 烧杯后以 $2mol \cdot L^{-1}$ HCl 溶液溶解便得 Al^{3+} 溶液。

将第一次过滤所得的沉淀用约 3mL $6mol \cdot L^{-1}$ $NH_3 \cdot H_2O$ 在漏斗中缓慢清洗，滤液用 100mL 烧杯承接。将滤液加热并滴加 $2mol \cdot L^{-1}$ HCl 溶液至产生的沉淀溶解便得 Cu^{2+} 溶液；沉淀转入 100mL 烧杯中用 $2mol \cdot L^{-1}$ HCl 溶液溶解便得 Fe^{3+} 溶液。

三、分离过程示意图

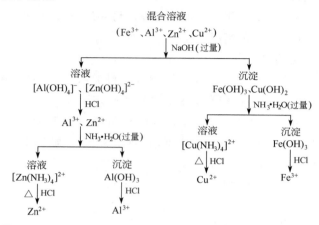

四、实验原理

混合溶液加入过量 NaOH 溶液后，Fe^{3+}，Al^{3+}、Zn^{2+}、Cu^{2+} 均形成氢氧化物沉淀，而 $Al(OH)_3$ 和 $Zn(OH)_2$ 可溶于过量 NaOH 溶液而成为 $[Al(OH)_4]^-$ 和 $[Zn(OH)_4]^{2-}$ 配离子进入溶液。$[Al(OH)]_4^-$、$[Zn(OH)_4]^{2-}$ 与 HCl 作用形成 Al^{3+} 和 Zn^{2+}，再加入过量的 $NH_3 \cdot H_2O$，使 Zn^{2+} 形成 $[Zn(NH_3)_4]^{2+}$ 存在于溶液中，以 HCl 作用成 Zn^{2+}；Al^{3+} 与 $NH_3 \cdot H_2O$ 作用只能形成 $Al(OH)_3$ 沉淀，将 $Al(OH)_3$ 与 HCl 作用则以 Al^{3+} 进入溶液。$Fe(OH)_3$ 和 $Cu(OH)_2$ 与 $NH_3 \cdot H_2O$ 作用时，$Fe(OH)_3$ 仍以沉淀形式保持不变，而 $Cu(OH)_2$ 则以 $[Cu(NH_3)_4]^{2+}$ 的形式进入溶液。$Fe(OH)_3$ 沉淀用 HCl 溶液溶解后则得含 Fe^{3+} 的溶液，而 $[Cu(NH_3)_4]^{2+}$ 溶液中加入 HCl 溶液后则作用成含 Cu^{2+} 的溶液。这样即可将 Fe^{3+}、Al^{3+}、Zn^{2+}、Cu^{2+} 从混合溶液中一一分离。

五、说明

(1) $Cu(OH)_2$ 也是两性氢氧化物，但它只能溶于浓 NaOH 溶液，所以在 $2mol \cdot L^{-1}$ NaOH 溶液中 $Cu(OH)_2$ 不会溶解。

(2) 在处理 $[Zn(NH_3)_4]^{2+}$ 和 $[Cu(NH_3)_4]^{2+}$ 溶液时，加热是为了赶出溶液中的游离氨。

 阅读材料

配位化学的创立者及配位化学在生命科学中的应用

瑞士无机化学家维尔纳是配位化学的奠基人和创立者，他于 1893 年提出配合物的配位理论，提出"配位数"这个重要的概念。维尔纳理论是现代无机化学发展的基础，并为化合价的电子理论开辟了新的道路。

维尔纳由于创立了配位理论和配位化学而于 1913 年获得了诺贝尔化学奖。

配位理论及配合物在工农业生产及科学研究各领域中有着广泛的应用而且将会得到越来越广泛的应用。

在生命体中存在着各种各样的配合物，它们对生命体中各种代谢活动、能量的传递和转换、氧气的输送等都起着十分重要的作用。如担负人体血液中氧的输送任务的是铁的配合物；植物中的叶绿素是镁的配合物；生物体中起催化作用的酶如铁酶、铜酶、锌酶等都是配合物，这些酶在生物体中的催化活性高效专一，在生命活动中起着非常重要的作用。

配位反应在医疗上也有着非常重要的应用，例如，EDTA 能与 Pb^{2+}、Hg^{2+} 形成稳定的易溶于水的螯合物，这种螯合物不易被人体吸收，可随新陈代谢排出体外，达到缓解 Pb^{2+}、Hg^{2+} 中毒的目的，因此 EDTA 是铅汞中毒的高效解毒剂；柠檬酸钠也能与 Pb^{2+} 作用形成稳定的配合物并可迅速排出体外，故它也是治疗职业性铅中毒的有效药物；另外，用来治疗血吸虫病的锑剂、治疗糖尿病的胰岛素也都是配合物。同时，不少配合物还具有杀菌、抗癌作用，例如，研究发现，$[Pt(NH_3)_2Cl_2]$ 就具有明显的抗癌作用。

随着配合物化学研究的不断深入，配合物在人类的生产和生活中将会起到越来越重要的作用。研究发现，植物固氮酶是由铁钼组成的蛋白质配合物，通过它的催化作用可在通常的温度和压力下将空气中的氮转化为氨，所以近年来化学模拟固氮酶的研究已成为化学科学研究的一个重要课题。分子氮配合物如 $[Ru(NH_3)_5(N_2)]Cl_2$ 等的研究，使在通常条件下实现化学模拟固氮看到了曙光。

实验十　过渡元素

一、目的要求

1. 熟悉铜、锌、银、汞的盐类与 NaOH 溶液和 $NH_3 \cdot H_2O$ 的反应。
2. 熟悉 Cu^{2+}、Ag^+、Hg^{2+} 与 KI 溶液的反应。
3. 熟悉 $Cr(OH)_3$ 的生成及其两性。
4. 熟悉常见价态铬的相互转化及转化的条件。
5. 熟悉 $KMnO_4$ 的重要性质。
6. 熟悉铁的化合物的重要性质及铁离子的鉴定。

二、仪器和药品

1. 仪器

离心试管　离心机

2. 药品及试剂

$CuSO_4(0.1mol \cdot L^{-1})$　　$NaOH(2mol \cdot L^{-1}, 6mol \cdot L^{-1}, 30\%)$　　$H_2SO_4(2mol \cdot L^{-1})$　$HCl(2mol \cdot L^{-1}, 浓)$　　$ZnSO_4(0.1mol \cdot L^{-1})$　　$AgNO_3(0.1mol \cdot L^{-1})$　　$Hg(NO_3)_2$ $(0.1mol \cdot L^{-1})$　　$NH_3 \cdot H_2O(2mol \cdot L^{-1}, 6mol \cdot L^{-1})$　　$NaCl(0.1mol \cdot L^{-1})$　　KI $(0.1mol \cdot L^{-1})$　　淀粉溶液(0.2%)　　$Na_2S_2O_3(0.1mol \cdot L^{-1})$　　$NH_4Cl(0.1mol \cdot L^{-1}$ 含 NH_4^+ 试液$)$　　$Cr_2(SO_4)_3(0.1mol \cdot L^{-1})$　　$H_2O_2(3\%)$　　$K_2Cr_2O_7(0.1mol \cdot L^{-1}$, $1mol \cdot L^{-1})$　　$Na_2SO_3(固)$　　$(NH_4)_2Fe(SO_4)_2 \cdot 6H_2O(固)$　　$KMnO_4(0.01mol \cdot L^{-1})$ $FeCl_3(0.1mol \cdot L^{-1})$　　淀粉-KI 试纸　　CCl_4　　$K_3[Fe(CN)_6](0.1mol \cdot L^{-1})$　　$K_4[Fe(CN)_6]$ $(0.1mol \cdot L^{-1})$　　$KSCN(0.1mol \cdot L^{-1})$

三、实验内容

1. Cu^{2+}、Zn^{2+}、Ag^+、Hg^{2+} 与 NaOH 溶液的反应

（1）取 3 支试管均加入 1mL $0.1mol \cdot L^{-1} CuSO_4$ 溶液，并滴加 $2mol \cdot L^{-1} NaOH$

溶液，观察沉淀的颜色。然后进行下列实验。

第一支试管中滴加 $2mol \cdot L^{-1} H_2SO_4$ 溶液，观察现象。写出反应方程式。

第二支试管中加入过量的 30% NaOH 溶液，振荡试管，观察现象。写出反应方程式。

第三支试管加热，观察现象。写出反应方程式。

(2) 在两支试管中均加入 $1mL\ 0.1mol \cdot L^{-1} ZnSO_4$ 溶液，分别滴加 $2mol \cdot L^{-1}$ NaOH 溶液（不要过量），观察沉淀颜色。然后在一支试管中滴加 $2mol \cdot L^{-1}$ HCl 溶液，在另一支试管中滴加 $2mol \cdot L^{-1}$ NaOH 溶液，观察现象。写出反应方程式。

比较 $Cu(OH)_2$ 和 $Zn(OH)_2$ 的两性。

(3) 在试管中加入 10 滴 $0.1mol \cdot L^{-1} AgNO_3$ 溶液，然后逐滴加入新配制的 $2mol \cdot L^{-1} NaOH$ 溶液，观察产物的状态和颜色。写出反应方程式。

(4) 在试管中加入 10 滴 $0.1mol \cdot L^{-1} Hg(NO_3)_2$ 溶液，然后滴加 $2mol \cdot L^{-1}$ 的 NaOH 溶液，观察产物的状态和颜色。写出反应方程式。

2. Cu^{2+}、Zn^{2+}、Ag^+ 与 $NH_3 \cdot H_2O$ 的反应❶

(1) 在试管中加入 $1mL\ 0.1mol \cdot L^{-1} CuSO_4$ 溶液，逐滴加入 $2mol \cdot L^{-1} NH_3 \cdot H_2O$，观察沉淀的颜色。继续滴加 $NH_3 \cdot H_2O$ 至沉淀溶解。写出反应方程式。

将上述溶液分为两份，一份逐滴加入 $2mol \cdot L^{-1} H_2SO_4$ 溶液，另一份加热至沸腾，观察现象并加以解释。

(2) 在试管中加入 $1mL\ 0.1mol \cdot L^{-1} ZnSO_4$ 溶液，逐滴加入 $2mol \cdot L^{-1} NH_3 \cdot H_2O$，观察沉淀的产生。继续滴加 $2mol \cdot L^{-1} NH_3 \cdot H_2O$ 至沉淀溶解。写出反应方程式。

将上述溶液分成两份，一份滴加 $2mol \cdot L^{-1} H_2SO_4$ 溶液，另一份加热至沸腾，观察现象并加以解释。

(3) 在试管中加入 10 滴 $0.1mol \cdot L^{-1} AgNO_3$ 溶液，再加入 10 滴 $0.1mol \cdot L^{-1}$ NaCl 溶液，观察白色沉淀产生后，再滴加 $6mol \cdot L^{-1} NH_3 \cdot H_2O$ 至沉淀溶解。写出反应方程式。

3. Cu^{2+}、Ag^+、Hg^{2+} 与 KI 溶液的反应

(1) 在离心试管中，加入 5 滴 $0.1mol \cdot L^{-1} CuSO_4$ 溶液和 $1mL\ 0.1mol \cdot L^{-1} KI$ 溶液，观察沉淀的产生及其颜色，离心分离。在清液中滴加 1～2 滴淀粉溶液，检验是否有碘单质存在；在沉淀中滴加 $0.1mol \cdot L^{-1} Na_2S_2O_3$ 溶液，再观察沉淀颜色（白色）。反应方程式为

$$2Cu^{2+} + 4I^- \longrightarrow Cu_2I_2 \downarrow + I_2$$
$$I_2 + 2S_2O_3^{2-} \longrightarrow 2I^- + S_4O_6^{2-}$$

---

❶ Hg^{2+} 与过量 $NH_3 \cdot H_2O$ 反应，在没有大量 NH_4^+ 存在的情况下，并不生成氨配位离子。如

$$HgCl_2 + 2NH_3 \longrightarrow HgNH_2Cl \downarrow + NH_4Cl$$
（白色）
$$2Hg(NO_3)_2 + 4NH_3 + H_2O \longrightarrow HgO \cdot HgNH_2NO_3 + 3NH_4NO_3$$
（白色）

（2）在试管中加入 3～5 滴 $0.1mol \cdot L^{-1} AgNO_3$ 溶液，再滴加 $0.1mol \cdot L^{-1} KI$ 溶液，观察现象。写出反应方程式。

（3）在试管中加入 5 滴 $0.1mol \cdot L^{-1} Hg(NO_3)_2$ 溶液，逐滴加入 $0.1mol \cdot L^{-1} KI$ 溶液，观察沉淀的产生及颜色。继续滴加 $0.1mol \cdot L^{-1} KI$ 溶液至沉淀溶解。写出反应方程式。

$K_2[HgI_4]$ 的碱性溶液称为奈斯勒试剂，是检验 NH_4^+ 的特效试剂。检验方法如下。

在试管中加入含 NH_4^+ 的试液 1mL，再加入 1mL $2mol \cdot L^{-1} NaOH$ 溶液，加热至沸腾。在试管口用一条经奈斯勒试剂润湿过的滤纸检验放出的气体，观察奈斯勒试纸上颜色的变化。反应方程式为

$$NH_4^+ + 2HgI_4^{2-} + 4OH^- \longrightarrow \left[O \begin{matrix} Hg \\ \\ Hg \end{matrix} NH_2 \right] I\downarrow + 7I^- + 3H_2O$$

（棕红色）

4. $Cr(OH)_3$ 的生成及两性

在两支试管中均加入 10 滴 $0.1mol \cdot L^{-1} Cr_2(SO_4)_3$ 溶液，逐滴加入 $2mol \cdot L^{-1} NaOH$ 溶液，观察蓝灰色的 $Cr(OH)_3$ 沉淀的生成。然后在一支试管中继续滴加 NaOH 溶液，而在另一支试管中滴加 $2mol \cdot L^{-1}$ 的 HCl 溶液，观察现象。写出反应方程式。

5. $Cr(Ⅲ)$ 和 $Cr(Ⅵ)$ 的相互转化

（1）在试管中加入 1mL $0.1mol \cdot L^{-1} Cr_2(SO_4)_3$ 溶液和过量的 $2mol \cdot L^{-1} NaOH$ 溶液，使之成为 CrO_2^-，再加入 5～8 滴 3% 的 H_2O_2 溶液，水浴加热，观察溶液颜色变化。写出反应方程式。

（2）在试管中加入 10 滴 $0.1mol \cdot L^{-1} K_2Cr_2O_7$ 溶液和 1mL $2mol \cdot L^{-1} H_2SO_4$ 溶液，然后滴加 3% H_2O_2 溶液，振荡，观察现象。反应方程式为

$$Cr_2O_7^{2-} + 3H_2O_2 + 8H^+ \longrightarrow 2Cr^{3+} + 3O_2\uparrow + 7H_2O$$

（3）在试管中加入 10 滴 $0.1mol \cdot L^{-1} K_2Cr_2O_7$ 溶液和 1mL $2mol \cdot L^{-1} H_2SO_4$ 溶液，然后加入黄豆大小的 Na_2SO_3 晶体，振荡，观察溶液颜色变化。写出反应方程式。

（4）在试管中加入 10 滴 $0.1mol \cdot L^{-1} K_2Cr_2O_7$ 溶液和 3～5 滴浓盐酸，微热，用湿润的淀粉-碘化钾试纸在试管口检验逸出的气体，观察试纸和溶液的颜色变化。写出反应方程式。

6. $Cr_2O_7^{2-}$ 和 CrO_4^{2-} 的相互转化

在试管中加入 1mL $0.1mol \cdot L^{-1} K_2Cr_2O_7$ 溶液，再逐滴加入 $2mol \cdot L^{-1} NaOH$ 溶液，观察溶液颜色的变化，然后再以 $2mol \cdot L^{-1} H_2SO_4$ 酸化，颜色又如何变化？写出转化的平衡方程式。

7. $KMnO_4$ 的氧化性

取 3 支试管，均加入 1mL $0.01mol \cdot L^{-1} KMnO_4$ 溶液，再分别加入 $2mol \cdot L^{-1} H_2SO_4$ 溶液、$6mol \cdot L^{-1} NaOH$ 溶液、水各 1mL，然后均加入少许 Na_2SO_3 晶体，振荡试管，观察现象。其离子方程式为

$$2MnO_4^- + 5SO_3^{2-} + 6H^+ \longrightarrow 2Mn^{2+} + 5SO_4^{2-} + 3H_2O$$

$$2MnO_4^- + SO_3^{2-} + 2OH^- \longrightarrow 2MnO_4^{2-} + SO_4^{2-} + H_2O$$

$$2MnO_4^- + 3SO_3^{2-} + H_2O \longrightarrow 2MnO_2 \downarrow + 3SO_4^{2-} + 2OH^-$$

说明介质对 $KMnO_4$ 氧化性的影响。

8. 铁的化合物的性质及铁离子的鉴定

（1）在试管中加入 2mL 水和 $3\sim5$ 滴 $2mol \cdot L^{-1} H_2SO_4$ 溶液，加热，使之沸腾以赶出其中的空气，然后加入黄豆大小的 $(NH_4)_2Fe(SO_4)_2 \cdot 6H_2O$ 晶体，使之溶解；另取一支试管加入 $2mL\ 2mol \cdot L^{-1} NaOH$ 溶液，加热至沸腾以赶出其中的空气。将 $NaOH$ 溶液倒入盛含 Fe^{2+} ［即 $(NH_4)_2Fe(SO_4)_2$］溶液的试管中，观察开始产生的沉淀的颜色及其颜色的变化。写出反应方程式。

（2）在试管中加入 $1mL\ 0.01mol \cdot L^{-1} KMnO_4$ 溶液，用 $1mL\ 2mol \cdot L^{-1} H_2SO_4$ 溶液酸化，然后加入约黄豆大小的 $(NH_4)_2Fe(SO_4)_2 \cdot 6H_2O$ 晶体，振荡，观察溶液颜色的变化。其反应的离子方程式为

$$MnO_4^- + 5Fe^{2+} + 8H^+ \longrightarrow Mn^{2+} + 5Fe^{3+} + 4H_2O$$

（3）在试管中加入 $1mL\ 0.1mol \cdot L^{-1} FeCl_3$ 溶液，再投入一小块铜片，放置，观察现象。写出反应方程式。

（4）在试管中加入 $1mL\ 0.1mol \cdot L^{-1} FeCl_3$ 溶液及 $5\sim10$ 滴 CCl_4，滴加 $1mL\ 0.1mol \cdot L^{-1} KI$ 溶液，振荡，观察现象。写出反应方程式。

（5）取黄豆大小的 $(NH_4)_2Fe(SO_4)_2 \cdot 6H_2O$ 于试管中，用 $1\sim2mL$ 水溶解，再加入 $1mL\ 0.1mol \cdot L^{-1} K_3[Fe(CN)_6]$ 溶液，观察现象。其反应的离子方程式为

$$3Fe^{2+} + 2[Fe(CN)_6]^{3-} \longrightarrow Fe_3[Fe(CN)_6]_2 \downarrow$$

（滕氏蓝）

该反应常用于鉴定 Fe^{2+}。

（6）在试管中加入 $1mL\ 0.1mol \cdot L^{-1} K_4[Fe(CN)_6]$ 溶液，滴加 $0.1mol \cdot L^{-1} FeCl_3$ 溶液，观察现象。其反应的离子方程式为

$$4Fe^{3+} + 3[Fe(CN)_6]^{4-} \longrightarrow Fe_4[Fe(CN)_6]_3 \downarrow$$

（普鲁士蓝）

（7）在试管中加入 $1mL\ 0.1mol \cdot L^{-1} FeCl_3$ 溶液，滴加 $0.5mL\ 0.1mol \cdot L^{-1} KSCN$ 溶液，观察现象。写出反应方程式。

以上两反应常用于鉴定 Fe^{3+}。

四、思考题

1. $Cu(OH)_2$ 和 $Zn(OH)_2$ 的两性有何差别？

2. Hg^{2+}、Ag^+ 与 $NaOH$ 溶液反应的产物是什么？

3. Cu^{2+}、Ag^+、Hg^{2+} 与 KI 溶液反应的类型和产物有何不同？

4. $Cr_2O_7^{2-}$ 和 CrO_4^{2-} 相互转化的条件是什么？

5. $KMnO_4$ 在氧化还原反应中的还原产物与介质有何关系？

6. 如何配制 $(NH_4)_2Fe(SO_4)_2$ 溶液？

7. Fe^{2+} 和 Fe^{3+} 在性质上有何不同？

8. 如何鉴定 Fe^{2+} 和 Fe^{3+}？

课外实验

晴　雨　花

一、仪器和药品

烧杯　滤纸　干燥器　酒精灯　$CoCl_2$（$1mol \cdot L^{-1}$）

二、操作过程

用滤纸做一朵花，将其置于 $CoCl_2$ 溶液中浸透，取出晾干，花呈粉红色。将花置于干燥器中，花慢慢变为紫红色或浅蓝色。如将其小心用酒精灯或电炉烤一烤，则花又可变为蓝色。这时，若含一口水将花喷湿，花立即变为粉红色。

三、实验原理及现象说明

含六个结晶水的二氯化钴（$CoCl_2 \cdot 6H_2O$）是粉红色的，而无水 $CoCl_2$ 是蓝色的，一般干燥的空气中二氯化钴是含两个结晶水（$CoCl_2 \cdot 2H_2O$）。$CoCl_2$ 晶体中的结晶水可随环境的湿度和温度而变化。

$$CoCl_2 \cdot 6H_2O \underset{+4H_2O}{\overset{-4H_2O}{\rightleftharpoons}} CoCl_2 \cdot 2H_2O \underset{+H_2O}{\overset{-H_2O}{\rightleftharpoons}} CoCl_2 \cdot H_2O \underset{+H_2O}{\overset{-H_2O}{\rightleftharpoons}} CoCl_2$$
$$\text{（粉红色）} \qquad \text{（紫红色）} \qquad \text{（蓝紫色）} \qquad \text{（蓝色）}$$

所以，从 $CoCl_2$ 溶液中取出的花及稍稍晾干后的花是粉红色，从干燥器中取出的花是浅蓝色的，用火烤干的花是蓝色的，喷水会使蓝花立即变为红花。

如果把烤干后的蓝花置于气温较高的晴好天气里，花的颜色基本不变。这表明空气中水汽少，湿度小。当天气变得沉闷，空气中水汽较多，湿度变大，花吸收水分就变红了，预示着天将要下雨了。因此，人们把这样的花称为"晴雨花"。

阅读材料

普鲁士蓝和滕氏蓝

在很多年以前，德国一位化学家将动物的干血、铁屑和固体碳酸钾置于坩埚中加热熔融后得到含有氰化钾和硫化亚铁的烧结块

$$FeS + 6KCN \longrightarrow K_4[Fe(CN)_6] + K_2S$$

用热水处理，将水溶液小心蒸发，得到黄色水合晶体——$K_4[Fe(CN)_6] \cdot 3H_2O$。由于这种结晶取自于动物的干血中，故习惯上称其为黄血盐。在黄血盐溶液中通入氯气，将其中二价态的铁氧化成三价态的铁

$$2K_4[Fe(CN)_6] + Cl_2 \longrightarrow 2K_3[Fe(CN)_6] + 2KCl$$

就可以得到一种深红色的晶体，习惯将 $K_3[Fe(CN)_6]$ 称为红血盐或赤血盐。

将黄血盐溶液滴入 Fe^{3+} 溶液，便得到一种美丽的深蓝色沉淀，这种沉淀物曾在普鲁士人的一个染料作坊中首先获得，故称为普鲁士蓝。

$$3K_4[Fe(CN)_6] + 4Fe^{3+} \longrightarrow Fe_4[Fe(CN)_6]_3 \downarrow + 12K^+$$

如果将赤血盐溶液滴入 Fe^{2+} 溶液，也可以得到一种与普鲁士蓝十分相似的深蓝色沉淀

$$2K_3[Fe(CN)_6] + 3Fe^{2+} \longrightarrow Fe_3[Fe(CN)_6]_2 \downarrow + 6K^+$$

人们把这种蓝色沉淀物称为滕氏蓝。

普鲁士蓝和滕氏蓝又称为铁蓝，它们都是驰名世界的重要无机颜料，在油漆、油墨、染料等行业中有着非常重要的应用。

普鲁士蓝与滕氏蓝为什么如此相似呢？它们有着同样的深蓝色，同样稳定的性质，它们都同样难溶于水。它们是不是同一种物质？然而它们却是用不同的物质反应制得的。关于普鲁士蓝和滕氏蓝到底有何区别，它们到底是不是同一种物质，化学界争论了几十年，这便是化学历史上有趣的"两蓝之争"。

科学技术的发展为解决"两蓝之争"创造了条件，提供了有效的方法。20 世纪初，德国科学家劳厄发明 X 射线分析法，到 1958 年又一位德国科学家穆斯堡尔发现 γ 射线萤光共振谱，并于 1965 年将这种新技术应用于化学结构分析。现已证明，普鲁士蓝和滕氏蓝具有完全相同的 X 射线粉末衍射图和穆斯堡尔 γ 射线萤光共振谱，它们是同一种物质。它们的化学式都可表示为 $KFe(III)[Fe(II)(CN)_6] \cdot H_2O$。它们是离子晶体。在晶体中，每个 CN^- 都与铁元素两个不同价态的离子相连，N 原子与 Fe^{3+} 相连，C 原子与 Fe^{2+} 相连，晶格顶点（立方体的角隅）上 Fe^{3+} 和 Fe^{2+} 依次更迭地排列，K^+ 和 H_2O 则位于立方体中心（如下图）。

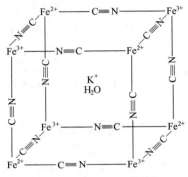

$KFe[Fe(CN)_6] \cdot H_2O$ 晶体结构

所以，生成普鲁士蓝和滕氏蓝的方程式可写成

$$Fe^{3+} + K_4[Fe(CN)_6] \longrightarrow KFe[Fe(CN)_6] \downarrow + 3K^+$$

$$Fe^{2+} + K_3[Fe(CN)_6] \longrightarrow KFe[Fe(CN)_6] \downarrow + 2K^+$$

第三部分 无机化学实验的综合性训练

无机化学实验的综合性训练是无机化学实验的重要组成部分，也是无机化学教学的重要组成部分。无机化学实验的综合性训练的目的是为了加强无机化学的实践性教学环节，巩固无机化学实验的基础训练，完善无机化学实验的基本操作，培养学生严肃认真的科学态度，提高学生的实际动手能力。通过无机化学实验的综合性训练，也可以使学生初步了解实验室管理的一些基本知识。无机化学实验的综合性训练是为后续课程的实验打基础，作准备的重要环节。

在这一部分内容中，编入了玻璃棒和玻璃管加工的简单操作、分析天平的认识和使用、容量滴定的初步训练、无机物的提纯和制备等。

玻璃管、棒的加工

一、玻璃工灯具

1. 酒精喷灯

酒精喷灯有挂式和坐式两种。图 27 是挂式酒精喷灯。它由灯管、开关、预热盆、灯座和酒精储罐等组成。

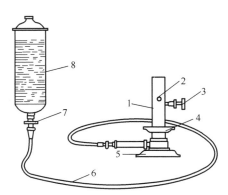

图 27　酒精喷灯
1—灯管；2—气孔；3—气孔调节开关；4—预热盆；
5—灯座；6—橡皮管；7—开关；8—酒精储罐

使用时，先往预热盆里注满酒精，然后点燃酒精以加热灯管。待盆内酒精即将燃尽时，开启开关。这时由于酒精在灼热的灯管内气化，并与来自气孔的空气混合，用火柴在管口点燃，即可得到很高温度的火焰。调节开关，改变酒精的喷入量，以控制火焰的大小。一般酒精喷灯的气孔是可以调节的，只有调节好气孔的大小，才能得到理想的火焰。用毕，旋紧开关，使火焰熄灭。

应当指出，灯管必须充分灼烧，才能开启开关和点燃，否则酒精在灯管内不能全部气化，会有液体酒精从灯管喷出形成"火雨"，甚至会引起火灾。不用时，应关好酒精储罐，以免酒精泄漏。

酒精喷灯可用于简单的玻璃管加工，但是这种灯点火不方便，火焰调节范围小，燃料消耗高。

2. 煤气灯

煤气灯见无机化学实验基本操作 2（1）。

二、玻璃管、棒的加工

1. 截断

玻璃管（棒）的截断有多种方法，一般可根据玻璃管（棒）的直径大小和截取的部位等来选择不同的截断方法，对于粗管（25mm 以上）、玻璃壁较厚或需要靠近管端部位截断的，可以采用火焰热爆法、烧玻璃球法、砂轮法等截断。

直径在 25mm 以下的玻璃管（棒），一般采用锉刀冷割法截断，先将玻璃管平放在实验台面上，左手扶住玻璃管，用拇指或食指尖按住被截断部位的左侧，右手持锉刀，刀刃与玻璃管垂直成 90°的方向，然后用力向前或向后一拉，同时把玻璃管略微朝相反的方向转动，在玻璃管上刻划出一条清晰、细直的凹痕。注意不要来回拉锉，因为这样会损伤锉刀的锋棱，而且会使锉痕加粗。折断前先用水蘸一下锉痕（降低玻璃强度，易断齐），然后双手握住玻璃管，用两手的拇指抵住锉痕背面，轻轻用力拉折（外推，左右拉，七分拉，三分折），如图 28 所示。

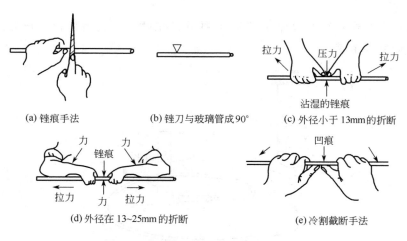

(a) 锉痕手法 　　(b) 锉刀与玻璃管成90° 　　(c) 外径小于 13mm 的折断

(d) 外径在 13~25mm 的折断 　　(e) 冷割截断手法

图 28　玻璃管（棒）的冷割手法及折断

2. 熔光

玻璃管、玻璃棒折断后其断面非常锋利，在加工或使用时很容易划破皮肤、损坏塞子和胶管，因此必须要在火焰上熔光以消除玻璃断面的毛刺。熔光时将玻璃管（棒）断面斜插入氧化焰中熔烧，并不时转动，直到断面熔烧光滑为止，注意熔烧时间不要长，以防止口径热缩变形或玻璃棒尖端直径增大。熔烧后的玻璃管（棒）放在石棉网上冷却，就可得到具有光滑断面的玻璃管（棒）。如图 29 所示。

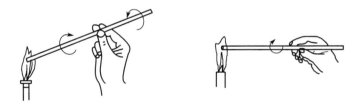

图 29　玻璃管（棒）断面熔光的两种手法

3. 拉制

滴管、毛细管等是靠拉制技术制成的，其操作是用双手持玻璃管两端，把要拉细的部位经预热后插入火焰中，为扩大受热面积也可以倾斜插入，将玻璃管匀速旋转烧熔至发黄变软后移离火焰，沿着水平方向，向两边边拉边旋转（先慢拉后用力），拉至所需要的管径和长度，当玻璃完全硬化后方可松手，也可以在玻璃硬化前将玻璃管转成竖直方向，松开左手使玻璃管和拉细部分下垂片刻，然后放在石棉网上，这样制得的滴管才能与圆中心轴对称。玻璃管的加热和拉细如图 30 所示。

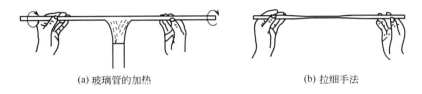

(a) 玻璃管的加热　　　　　　　　　　(b) 拉细手法

图 30　玻璃管的加热和拉细

将拉制好的玻璃管冷却后，在拉细的中间部位截断，就得到两根一端有尖嘴的玻璃管，把尖嘴熔光，另一端斜插入火焰中熔烧后，立即垂直向下往石棉网上轻轻压下成卷边。也可用镊子尖斜按进旋转烧熔的玻璃管口内，即成喇叭口形，冷却后装上胶头制成滴管。拉制毛细管时，一般选用 $10 \sim 12mm$ 直径的玻璃管，在拉制前把玻璃管内壁冲洗干净，晾干后按以上操作进行，拉制成直径为 $1mm$ 长度为 $150mm$ 的毛细管。

在拉制过程中，毛细管的细度与拉制速度有关，拉制速度快其毛细管就细，否则相反，因此在操作中可根据需要选择不同的拉制速度。

4. 弯曲

取一根玻璃管，双手持玻璃管两端，把要弯曲的部位先预热后放在火焰中旋转加热，加热的宽度应为玻璃管直径的 $1.5 \sim 2$ 倍，为扩宽受热面积也可以把玻璃管的弯曲部位斜插入火焰中或在旋转的同时左右移动。当玻璃管开始变软时，移离火焰，立刻放在画有一定角度的石棉网上，将玻璃管弯成所需要的角度，或者以"V"字形手法悬空弯制，为防止玻璃管弯瘪，也可以采用吹气法弯制，当玻璃管烧熔变软后，移离火焰，右手食指按紧右端管口或用棉花塞住右端管口，从左端管口吹气再以"V"字形手法悬空弯制成所需角度，如图 31 所示。

角度大于 $120°$ 的弯管可以一次弯成，$90°$ 或小于 $90°$ 的弯管可重复多次弯成。但在多

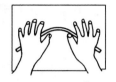
(a) 在画有角度的石棉网上弯制

(b) 两手向上以 "V" 字形弯制

棉花
(c) 吹气弯制

图 31 弯管手法

次弯曲操作时，每次玻璃管加热的部位应左右偏移少许，以免管壁收缩变瘪，但是偏移距离不要过大，否则就会增大弯管的弯曲率。一个合格的弯管不仅角度要符合要求，弯曲处也应是圆而不瘪且整个玻璃管侧面应处在同一个水平面上。

5. 安瓿球的吹制

安瓿球是定量分析中测定易挥发性液体的物质含量的专用称量器具。

在烧制安瓿球时，首先应根据所需安瓿瓶直径大小选择管径合适的玻璃管，再按照拉制滴管、毛细管的操作方法，将玻璃管拉制成毛细管—枣核形的半成品，拉出的毛细管长度约为 100mm，外径 1～2mm，然后从枣核体一端把毛细管折断，毛细管管口端熔光，冷却后，右手持镊子，左手拿住毛细管将枣核体的尖端插入火焰中熔烧封口，并且边烧边用镊子快速夹去毛细头，直到去掉枣核尖，并形成半圆形后，再旋转加热球部，切忌烧到毛细管部位，否则球部与毛细管会发生扭曲现象或毛细管被堵死。待球部烧熔后，移离火焰，由毛细管口缓缓吹气到要求尺寸，稍停片刻（防止球体收缩），待球体硬化后松开即可。安瓿球球壁不能太厚也不能太薄，一般约为 0.1～0.2mm，以球内充满溶液后用玻璃棒轻轻敲击便碎为宜。安瓿球的制作如图 32 所示。

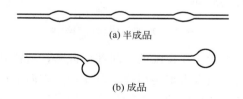
(a) 半成品

(b) 成品

图 32 安瓿球的制作

根据实验室的需要，可在教师指导下加工一定规格的玻璃弯管、毛细管、搅棒、滴管、安瓿球、装配洗瓶等。

三、注意事项

（1）进入玻璃工实验室应穿好工作服，不宜穿短衣短裤，更不能穿拖鞋。进行加工操作时应戴好防护眼镜。

（2）玻璃工件不易识别冷热，热玻璃件应放在石棉网上，并注意冷热要分开放置，以免发生烫伤事故。

（3）玻璃废料应随时丢入碎玻璃盘中，严格禁止随便乱扔。

（4）进行玻璃管、玻璃棒切割折断时，若有一端较短就不能直接折断，应用抹布包住短端后进行折断。

（5）使用煤气灯时应事先进行煤气管道和阀门的试漏工作，以防漏气引起着火或中毒。在点燃煤气灯时应先擦燃火柴或打开电打火器于灯口等候，再开启燃气阀使其点燃，切不可先开气阀，后点燃。关闭煤气灯后应让其火焰自然熄灭。

（6）玻璃工实验室内应有良好的通风设备和足够的灭火器材，以防发生意外。

分析天平的使用

天平是称量物体质量的工具。其中分析天平是进行准确称量的精密仪器，具有误差小、灵敏度较高的特点。

天平的种类较多，结构有所差异，但其设计原理基本一致，都是杠杆原理。目前使用最广的是半自动电光天平。

一、半自动电光天平的构造

半自动电光天平是由外框部分、立柱部分、横梁部分、悬挂系统、制动系统、光学读数系统、机械加码装置及砝码等构成的，其构造如图 33 所示。

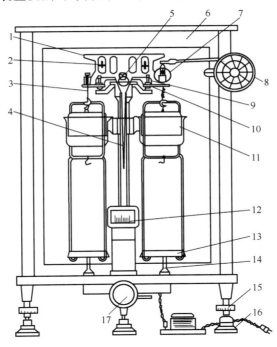

图 33　半自动电光分析天平的结构

1—横梁；2—平衡螺丝；3—吊耳；4—指针；5—支点刀；6—框罩；7—环码；8—指数盘；9—支柱；
10—托叶；11—阻尼筒；12—投影屏；13—秤盘；14—盘托；15—螺旋脚；16—脚垫；17—旋钮

1. 外框部分

外框部分包括框罩和底板。框罩是木制框架，镶有玻璃，装入底板四周，起保护天平的作用，防止灰尘、湿气、辐射热和外界气流的影响。前门和侧门均为玻璃门，前门可向上开启且不自落，供装配、调整、修理和清扫天平时用，称量时不准打开。侧门供称量时用，一侧门用于取放称量物，另一侧门用于取放砝码。但在读数时，两侧门必须关好。

底板是天平的基座，用于固定立柱、天平脚和制动器底架，为了稳固，一般用大理石、金属或厚玻璃制成。

底板下装有三只脚，脚下有橡皮制防震脚垫。后面一只固定不动，前面两只是螺丝脚，用于调节天平的水平位置。

2. 立柱部分

立柱是一空心金属柱，垂直固定在底板上，作为横梁的支架，天平制动器的升降拉杆穿过立柱空心孔带动大小托翼翘板上下运动。立柱上装有以下部件。

① 阻尼器支架　装于柱中上部，用于固定两个外阻尼筒。

② 气泡水准器　装于立柱背后阻尼器支架上，用于指示天平的水平位置。

③ 中承刀　立柱顶端装有形状像"土"字形金属制的中刀承座，俗称"土字头"，在土字头前端嵌有一块玛瑙或宝石平板，作为中刀的刀承（中刀承），用以支撑横梁。

3. 横梁部分

横梁是天平最重要的部件，有天平的心脏之称。多用质轻坚固、不变形、膨胀系数小的铝合金、铜合金制成，高精度天平则用不锈钢或钛制成。并做成矩形、三角形、桁架形（多为矩形）等。在横梁上装有以下零件。

（1）三把棱形刀　三把玛瑙或宝石的棱形刀，通过刀盒固定在横梁上。中间的一把为固定的支点刀又称中刀，刀口向下，架在立柱顶端的中刀承座上。左右两边的承重刀（又称边刀）分别镶在可调整的边刀盒上，刀口向上，在刀口上方各悬有一个镶有玛瑙平板刀承的吊耳。这三个刀口的棱边应互相平行并在同一水平面上（图34），同时要求两承重刀口到支点刀口的距离（即天平臂长）相等。三个刀口的锋利程度对天平的灵敏度有很大影响，刀口越锋利，和刀口相接触的刀承越平滑，它们之间的摩擦越小，天平的灵敏度也就越高，因此，在使用时要特别注意保护玛瑙刀口，应尽量减少刀口的磨损。

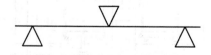

图34　三个刀口在同一水平面上

（2）边刀盒　两个边刀盒分别装于横梁的两端，上有许多调节螺丝，用来调节边刀的位置。

（3）平衡螺丝　横梁两侧对称圆孔内分别装有两个平衡调节螺丝（平衡铊），用于调节天平空载时的平衡位置，即零点。

（4）感量调节螺丝　在横梁中部适当位置上（有的天平在横梁背面的螺杆上）装有感量调节螺丝（感量铊、重心铊、重心球），用来调节横梁重心的位置，以改变天平的灵敏度。

（5）指针及微分标牌　横梁下部装有一长而垂直的指针，指针末端装有微分标牌，标牌上的刻度经光学系统放大后成像于投影屏上。

4. 悬挂系统

被称物品和砝码是通过悬挂系统加于横梁两端的，它由秤盘、吊耳和阻尼器组成。

（1）**吊耳**　有单吊耳和补偿吊耳两种。补偿吊耳其构造如图 35 所示。这种吊耳能使刀刃线上受力均匀。

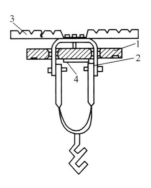

图 35　补偿吊耳
1—承重板；2—十字头；
3—加码承重片；4—边刀承

（2）**秤盘**　秤盘挂在吊耳的上层吊钩内，一般由铜合金镀铬材料制成，用以承放称量物品和砝码。

（3）**阻尼器**　由内外两个阻尼筒构成，外筒固定在立柱两侧的阻尼器支架上，内筒（又叫活动阻尼器）挂在吊耳下层吊钩上，内外筒之间有一均匀的间隙，当横梁摆动时，阻尼器内筒也随着作上下运动，但内外筒之间因有一均匀的间隙而互不接触，空气只能从两筒之间很小的环形空隙中进出，产生较大的阻力，使横梁在摆动 1～2 个周期后迅速停下来（故称空气阻尼器），便于读数。

吊耳、秤盘、阻尼筒都有区分左右的标记，常用的是左"1"、右"2"或左"·"右"··"。

5．**制动系统**

制动系统用于控制天平开关，制止横梁及秤盘的摆动，保护天平的刀口使其保持锋利，避免因受冲击而使刀口产生崩缺。制动系统由升降旋钮、升降拉杆、托梁架、盘托等组成。

当反时针旋转升降旋钮至端点时，立柱上的翼翅板上升，将横梁和吊耳托起，三把刀和刀承脱离，两个盘托也同时升起，将秤盘微微托起，天平处于"休止"状态，光源灯熄，此时方可加减砝码和取放称量物。当顺时针旋转升降旋钮时，立柱上的翼翅板下降，三把刀先后接触刀承，盘托同时下降，天平处于工作状态，光源灯亮。天平两边未达到平衡时，切不可全开天平，否则横梁倾斜太大，吊耳易脱落，使刀口受损。开启和休止天平都应轻轻、缓慢而均匀地转动升降旋钮，以保护天平。

6．**光学读数系统**

光学读数系统的作用是对微分标牌进行光学放大，并显示于投影屏上，如图 36 所示。它是由一只小变压器将 220V 交流电压降到 6～8V 供电，受弹簧开关控制。开启天平时，电源接通，灯泡亮，光线经聚光管成为平行光束，照射到微分标牌上，微分标牌上的刻度经放大镜放大 10～20 倍，再经一次反射、二次反射改变光的方向，成像于投影屏上。在投影屏的中央有一条纵向固定刻线，微分标牌的投影与刻线重合处即为天平的平衡位置。投影屏是活动的，扳动天平底座下面的零点微调杆可使投影屏左右移动，以便在小范围内调节天平零点。一旦零点调整好后在称量过程中不能拨动微调杆。

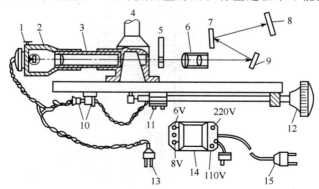

图 36　光学读数系统

1—灯座固定螺丝；2—照明筒；3—聚光管；4—立柱；5—微分标牌；6—放大镜筒；
7—二次反射镜；8—投影屏；9—一次反射镜；10—插头插座（连接弹簧开关）；
11—弹簧开关；12—天平开关；13—灯泡插头；14—变压器；15—电源插头

微分标牌上有双向刻度即：$-10\sim0\sim+10$mg 共 20 大格，一大格相当于 1mg，有的天平仅有单向刻度，即 $0\sim+10$mg，每一大格又分为十个小格，每一小格为一分度，一分度相当于 0.1mg，即投影屏上可直接读出 10mg 以下的质量，读准至 0.1mg。读数方法如图 37 所示。

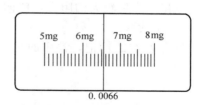

图 37　微分标牌上读数示意图

（读数为 0.0066g 或 6.6mg）

7. 机械加码装置及砝码

（1）砝码和砝码组　砝码是质量单位的具体体现，它有确定的质量，具有一定的形状，用于测定其他物体的质量和检定各种天平。为了衡量各种不同质量的物体，需要配备一套砝码，其质量由大到小能组合成任何量值，这样的一组砝码称砝码组。砝码的组合一般有两种形式，即 5、2、2、1 型（有克码 100、50、20、20、10、5、2、2、1）和 5、2、1、1 型（有克码 100、50、20、10、10、5、2、1、1），最常用的是前一种组合形式，按固定顺序放在砝码盒中。

砝码是进行称量的质量标准，必须保持其质量的准确性，使用砝码时要注意如下几点。

① 面值（或称名义质量）相同的砝码质量有微小的差别，所以附有不同的标记，以便互相区别。为了尽量减少称量误差，同一个试样测定中的几次称量，应尽可能使用同一砝码。

② 将砝码从盒中取出或放回时必须用镊子夹取，以免弄脏砝码而改变其质量。

③ 砝码的表面如有灰尘，可用专用的软毛刷拂去之。如有油污，无空腔的砝码可用无水酒精清洗，有空腔的可用绸布蘸酒精擦净。

④ 砝码应定期检查，一般检定周期为一年，检定合格的砝码一般不用修正值。但在精密测量中，则应使用修正值。

（2）机械加码装置　半自动电光天平 1g 以下的砝码做成环状，放在加码杆上，转动加码指数盘，使加码杆按指数盘的读数把环码加到吊耳上的环码承受片上。环码有 10mg、10mg、20mg、50mg、100mg、100mg、200mg、500mg 共 8 个，可组合成 10～990mg 的任意数值。指数盘上 1～9 一位数码对应 100～900mg 环码的质量 10～90 二位数码对应 10～90mg 环码的质量（不论指数盘在天平的左或右边，也不管指数盘内外圈如何组合，均遵守此规律）。如图 38(a) 所示读数为 0.00mg，图 38(b) 所示为 810mg。

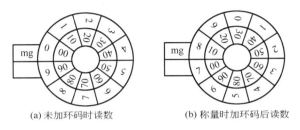

(a) 未加环码时读数　　　　　　(b) 称量时加环码后读数

图 38　机械加码器

所有砝码都由机械加码装置进行加减的天平叫全自动电光天平（或全机械加码电光天平）。其机械加码装置在天平左侧，自上而下分为三组，其结构与半自动电光天平基本相似。

*二、分析天平的计量性能

任何一种计量仪器都有它特定的计量性能，分析天平的计量性能可用灵敏性、稳定性、正确性及示值变动性来衡量。

1. 灵敏性

天平的灵敏性通常用天平的灵敏度或分度值来表示。

（1）灵敏度（E）　天平的灵敏度是指在天平的某一盘中添加 $m$mg 的小砝码时，引起指针的偏移程度，即指针沿着微分标牌的线位移与 $m$mg 质量之比，即

$$E(\text{分度} \cdot \text{mg}^{-1}) = \frac{n(\text{分度})}{m(\text{mg})}$$

在实际工作中，灵敏度的测定是在天平的零点调好后，休止天平，在天平的物盘上放一校正过的 10mg 环码，启动天平，指针应移至（100±1）分度范围内，则灵敏度为

$$E = \frac{100 \text{ 分度}}{10 \text{mg}} = 10 \text{ 分度} \cdot \text{mg}^{-1}$$

（2）分度值（e）　也称感量，分度值是指指针在微分标牌上移动一分度所需要的质量值。分度值与灵敏度互为倒数

$$e(\text{mg} \cdot \text{分度}^{-1}) = \frac{1}{E}$$

分度值的单位为 mg·分度$^{-1}$，习惯上往往将分度略去，用"mg"作为分度值的

单位。

天平的灵敏度与横梁的质量和天平臂长成正比，与支点至感量调节螺丝的距离成反比，对一台设计定型的分析天平只能通过调整感量调节螺丝的高低改变支点与感量调节螺丝的距离来改变灵敏度，但不能用提高横梁重心的方法任意提高，因为灵敏度与稳定性是相互矛盾、相互制约的。

另外天平的灵敏度在很大程度上取决于三把玛瑙刀口接触点的质量。刀口的棱边越锋利，玛瑙刀承表面越光滑，两者接触时摩擦力小，灵敏度高，如果刀口受损伤，则不论怎样移动感量调节螺丝的位置，也不能显著提高天平的灵敏度。因此在使用天平时，应特别注意保护好天平的刀口和刀承。

2. 稳定性

天平的稳定性是指天平在空载或负载时的平衡状态被扰动后，经几次摆动，自动恢复原位的能力。

稳定性主要取决于感量调节螺丝的位置，其越下降，稳定性就越好，反之天平的稳定性越差或根本不稳定。不稳定的天平是无法称量的。天平不仅要有一定的灵敏性，而且要有相当的稳定性，才能完成准确的称量。任何一台天平其灵敏度和稳定性的乘积是一常数，应将天平的灵敏度和稳定性均调在最佳值。

3. 准确性（正确性）

等臂天平的准确性是指横梁两臂长度相等的程度，习惯用横梁的不等臂性表示。由于横梁的不等臂性引起的称量误差叫不等臂性误差，属于系统误差。

天平的不等臂性误差与两臂长度之差成正比，也与载荷成正比。但此项误差，用天平全载时由于不等臂性表现出的称量误差表示。标准 JJG 98—90 规定：半自动电光天平新出厂产品的不等臂误差不大于 3 分度，使用中的天平不大于 9 分度。

横梁臂长受温度影响较大，例如，黄铜横梁两臂温差 0.2℃时，对 100g 质量引起的称量误差约为 0.5mg。这就是称量样品必须保持和天平盘温度一致的原因。

4. 示值变动性

示值变动性是指在不改变天平状态的情况下多次开关天平，其平衡位置的重现性，或者说，在同一载荷下比较多次平衡点的差异。它表示天平称量结果的可靠程度。天平的精确度不仅取决于天平的灵敏度，而且还与示值变动性有关，单纯提高灵敏度会使变动性增大，两者在数值上应保持一定的比例，标准 JJG 98—90 规定：天平的灵敏度与示值变动性的比例关系是 1∶1，即天平的示值变动性不得大于读数标牌 1 分度。

天平的示值变动性与稳定性有密切关系，但不是同一概念。稳定性主要与横梁的重心位置有关，而变动性除与横梁重心位置有关外，主要取决于天平的装配质量以及刀口与刀承之间的摩擦大小和刀口的锐钝程度（也与温度、气流、震动及静电有关）。如发现变动性太大，必须由天平修理专业人员进行修理。

三、分析天平的使用规则

（1）天平安放好后，不准随便移动，应保持天平处于水平位置。

（2）同一实验应使用同一台天平和砝码。

（3）天平载物不能超过最大称量，称量前要先粗称。

（4）经常保持天平框罩内清洁干燥，天平框罩内应放有吸湿用的变色硅胶，硅胶蓝色消失失效后应及时烘干。不得将被称物洒在天平框罩内。

（5）称量前打开天平两侧门 $5\sim10min$，使天平内外的温度和湿度趋于一致，以避免天平内外的温度、湿度不一致引起示值变动。

（6）使用过程中要特别注意保护玛瑙刀口。旋转升降枢应轻、缓、匀，不得使天平剧烈震动，取放物品，加减砝码必须先休止天平，以免损坏刀口。

（7）天平的前门不得随意打开，以防人呼出的热气、水汽和二氧化碳影响称量。称量过程中取放药品、砝码只能开两个侧门。

（8）热的或过于冷的物品要放在干燥器中与室内温度一致以后再称量。化学试剂和样品不能直接放在秤盘上，根据其性质可选用称量瓶、表面皿（或硫酸纸）等干燥的器皿称量。为防止天平盘被腐蚀，可在天平盘上配备表面皿或塑料薄膜，作为称量器皿的衬垫。对于有吸湿性、挥发性、腐蚀性或易变质的物品，必须选用适当可密闭的容器（称量瓶、滴瓶或安瓿瓶等）盛放。

（9）取放砝码必须用镊子夹取，严禁用手拿放，以免沾污。砝码只能放在秤盘和砝码盒的固定位置（镊子也只能拿在手中或砝码盒的固定位置），不允许放在其他地方，每架天平都有与之配套的砝码，不准任意调换。半自动电光分析天平加减环码时应缓慢地加减，防止环码跳落、互撞。

（10）称量完毕，休止天平。检查砝码是否全部放回砝码盒的原位，称量物是否已从秤盘上取出，天平门是否已关好。如是半自动电光天平，检查指数盘是否已恢复到零位，电源是否切断，最后盖好天平罩。

四、称量程序和方法

1. 称量的一般程序

（1）取下天平罩，折叠整齐放在天平框罩上或放在天平左后方的台面上。

（2）操作者面对天平端坐，记录本放在胸前台面上，存放和接受称量物的器皿放在物盘一侧的台面上，砝码盒放在指数盘一侧的台面上。

（3）称量前准备工作如下。

① 检查天平各个部件是否都处于正常位置（主要察看的部件有：横梁、吊耳、秤盘和环码等），指数盘是否对准零位，砝码是否齐全。

② 察看天平秤盘和底板是否清洁，若不清洁可用软毛刷轻轻扫净，或用细布擦拭。

③ 检查天平是否处于水平位置，从正上方向下目视水平仪，若气泡不在水准仪的中心，可旋转天平板下面前两个螺丝脚，直至气泡在水准仪中心为止。

（4）调整天平零点，关闭天平门，接通电源，旋转升降旋钮，电光天平的微分标尺上的"0"刻度应与投影屏上的标线重合，若不重合，可拨动升降旋钮下面的拨杆使其重合，使用拨杆不能调至零点时，可细心调整位于天平横梁上的平衡螺丝，直至微分标牌上"0"刻度对准投影屏上的标线为止。

（5）试称与称量，当要求快速称量时，当怀疑被称物品的质量超过天平的最大载荷时或对初学天平者，应用托盘天平进行预称。一般情况不进行预称。称量中应遵循"最少砝码个数"的原则，因为不同面值砝码的误差随面值增大而增加。因此，在用相减法称取试样时，应设法避免调换大砝码。将被称物置于物盘中央，关好侧门，估计被称物的大约质量，用镊子夹取大砝码置于砝码盘中央，小砝码于大砝码周围，开始试称。

试称过程中为了尽快达到平衡，选取砝码应遵循"由大到小，中间截取，逐级试验"的原则。试加砝码时应慢慢半开天平进行试验。对于电光天平只要记住"指针总是偏向轻盘，微分标尺的光标总是向重盘方向移动"。就能迅速判断左右两盘孰轻孰重。当砝码与被称物质量相差 19 以下时，关闭侧门，一档一档慢慢转动环码指数盘至砝码、环码与被称物质量相差 10mg 以下时，将升降旋钮全部打开，观察投影屏上刻线位置，读出投影屏上的质量，休止天平。

（6）读数与记录，先按砝码盒里的空位记下砝码的质量，再按大小顺序一次核对秤盘上的砝码，同时将其放回砝码盒空位。然后加上指数盘环码读数和投影屏上的读数即为被称物的质量，其数据应立即用钢笔或圆珠笔记录在原始记录本上，不允许记录在纸上或其他地方。

（7）检查天平零点变动情况，称量结束后，取出被称量物品，将指数盘回零，打开天平检查零点变动情况，如果超过两小格，则需重称。

（8）切断电源，将砝码盒放回天平箱顶部，罩好天平，填好天平使用登记簿，放回坐凳，方可离开天平室。

2. 称样方法及操作

称取试样经常采用的方法有：直接称样法、递减称样法（俗称差减法或减量法）和固定质量称样法。

（1）直接称样法　对某些在空气中没有吸湿性、不与空气反应的试样，可以用直接称样法称量。即用牛角匙取试样放在已知质量的清洁而干燥的表面皿或称量纸（硫酸纸）上，一次称取一定质量的样品，然后将试样全部转移到接收器中。

操作如下：先调好天平零点。用干净纸条或戴上白色专用手套将小表面皿放在物盘上，在砝码盘上放适当量砝码，平衡后记录秤盘上砝码、指数盘及投影屏上读数，即为小表面皿质量，如为 16.6858g。再用牛角匙取试样放入表面皿（假如估计所需试样量为 0.2g 左右），旋转指数盘加环码至平衡后读数，若此时读数为 16.8928g，则试样质量为 0.2070g。休止天平，取出试样。

（2）递减称样法（差减法或减量法）　递减称样法是分析工作中最常用的一种方法，其称取试样的质量由两次称量之差而求得。这种方法称出试样的质量只需在要求的称量范围内，而不要求是固定的数值。

操作如下：手戴白色专用手套拿住表面皿边沿，连同放在上面的称量瓶一起从干燥器里取出。打开称量瓶盖，将稍多于理论量的试样用牛角匙加入称量瓶中，盖上瓶盖。手拿称量瓶瓶身中下部，将其置于天平物盘正中央，或用清洁的纸条叠成约 1cm 宽的纸带套在称量瓶上，手拿纸带的尾部，如图 39 所示，选取适当的砝码及环码使之平衡，记下称量瓶加试样的准确质量（准确至 0.1mg）。左手将称量瓶从天平盘上取下，移到接收器的上方，右手打开瓶盖，注意瓶盖不要离开接收器上方（如没有手套，可用纸带）。将瓶身慢慢向下倾斜，然后右手用瓶盖轻轻敲击瓶口上部边沿，左手慢慢转动称量瓶使试样落入容器中，如图 40 所示，待接近需要量时（通常从体积上估计），一边继续用瓶盖轻敲瓶口上沿，一边逐渐将瓶身竖直，使粘在瓶口的试样落入接收器或落回称量瓶底部，盖好瓶盖。再将称量瓶放回物盘，准确称其质量。两次称量质量之差即为倾入接收器的试样质量。如此重复操作，直至倾出试样质量达到要求为止。

图 39 夹取称量瓶的方法

图 40 倾出试样的方法

按上述方法连续递减，即可称出若干份试样，若称取 4 份试样，则只需连续称量 5 次即可。

下面是称量 4 份试样的原始记录。

试 样 编 号	1#	2#	3#	4#
称量瓶与试样质量/g	18.6896	18.4783	18.2662	18.0550
倾出试样后称量瓶与试样质量/g	18.4783	18.2662	18.0550	17.8426
试样质量/g	0.2113	0.2121	0.2112	0.2124

在记录熟练后可简化如下

$$
\begin{array}{cccc}
1^\# & 2^\# & 3^\# & 4^\# \\
18.6896 & 18.4783 & 18.2662 & 18.0550 \\
-18.4783 & -18.2662 & -18.0550 & -17.8426 \\
\hline
0.2113 & 0.2121 & 0.2112 & 0.2124
\end{array}
$$

递减称样法比较简单、快速、准确，常用此法称取基准物质和待测试样。

递减法操作时应注意以下几点。

① 盛有试样的称量瓶除放在表面皿上和秤盘上或拿在手中（戴手套）外，不得放在其他地方，以免沾污。

② 若一次倾出试样不足时，可重复上述操作直至倾出试样量符合要求为止（重复次数不宜超过三次）；若倾出试样大大超过所要求数量，则只能弃去重称。

③ 称量时若用手套，要求手套洁净、合适；若用纸带，要求纸带的宽度要小于称量瓶的高度，套上或取出纸带时，不要接触称量瓶口，纸带也应放在洁净的地方。

④ 要在准备盛放试样的容器上方打开或盖上瓶盖，以免黏附在瓶盖上的试样失落它处。粘在瓶口上的试样应尽量敲回瓶中，以免粘到瓶盖上或丢失。

（3）固定质量称样法 在实际工作中，有时要求准确称取某一指定质量的物质。如直接法配制指定浓度的标准溶液时，常用此法称取标准物质的质量。此法只能用来称取不易吸湿，且不与空气作用性质稳定的粉末状的物质。不适于块状固体物质的称量。

操作方法如下：首先调好天平零点，将洁净干燥的深凹型小表面皿（通常直径为 6cm，也可以用扁形称量瓶或小烧杯）放在天平的物盘上，在砝码盘上加入等质量的砝码及环码，使其达到平衡。再向砝码盘上增加约等于所称试样质量的砝码或环码，一般准确至 10mg 即可。然后用牛角匙逐渐加入试样，半开天平进行试重，直至所加试样只差 10mg 以下时，便可开启天平，极小心地以左手（或右手）将盛 有试样的牛角匙，伸向表面皿中心部位上方约 2~3cm 处，拇指、中指及掌心拿稳牛角匙，用食指轻弹（最好是摩擦）牛角匙柄，让匙里的试样以非常缓慢的速度抖入表面皿中（如图 41 所示），此时眼睛既要注意牛角匙，同时也要注意投影屏上的微分标尺，待微分标尺正好移动到所需的刻度时，立即停止抖入试样。注意在抖样时左手（或右手）不要离开升降旋钮。

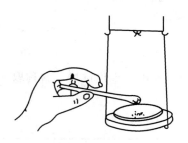

图 41   固定质量称样法

例如，要求直接配制 $c\left(\dfrac{1}{6}K_2Cr_2O_7\right)=0.1000\,mol\cdot L^{-1}$ $K_2Cr_2O_7$ 标准溶液 100mL，则必须准确称取 $0.4904g\,K_2Cr_2O_7$ 标准物质，可加 490mg 环码，用牛角匙在表面皿上慢慢加入 $K_2Cr_2O_7$，直至投影屏标尺显出 0.4mg 时，立即停止加样。

抖入试样的操作必须十分仔细，若不慎多加试样，只能立即关闭升降旋钮，用牛角匙取出多余的试样，再重复上述操作直至合乎要求为止。最后取出表面皿，将试样全部直接转入容器中。

操作时应注意以下两点。

① 加试样或取出牛角匙时，试样绝不能落在秤盘上，开启天平加样时，切忌抖入过多的试样，否则会使天平突然失去平衡。

② 称好的试样必须定量地由表面皿直接转入接收器，粘在表面皿上的少量粉末可用纯水冲洗入接收器中。

分析天平称量练习

一、目的要求
1. 了解半自动电光天平的构造。
2. 熟练直接称量法。
3. 学会递减称量法。

二、仪器和药品
1. 仪器
半自动电光天平   托盘天平   表面皿   称量瓶   药匙   烧杯
2. 药品
无水碳酸钠   铜片

三、实验内容

1. 半自动电光天平的构造

（1）对照半自动电光天平观察和熟练各部件的名称及性能。

（2）检查天平各部件是否正常。如各部件的位置、环码是否齐全到位、天平是否处于水平、天平内是否洁净等。

（3）熟悉砝码组合情况和机械加码指数盘。

2. 天平零点的调定

接通电源，慢慢启动天平升降旋钮，观察零点。当标尺"0"刻线与投影屏上的标线不重合时，可拨动天平底板下面的零点微调杆，移动投影屏的位置，使两者重合。若两者相差太大，微调杆不能使两者重合，则应轻轻调整天平横梁上的平衡螺丝。

3. 称量

（1）直接称量法　在托盘天平上预称表面皿和铜片的质量。

调好半自动电光天平的零点，准确称量表面皿的质量；将铜片置于表面皿中，准确称量表面皿和铜片的总质量。

将相关数据记入下表中

粗称质量/g		准确称量质量/g		铜片质量/g
表面皿	铜　片	表面皿	表面皿＋铜片	

（2）递减称量法　取 3 个洁净的小烧杯，依次编号。

戴上白色专用手套或用洁净的纸带从干燥器中取出称量瓶，在洁净的托盘天平上称量其质量，然后加入约 3g 无水 Na_2CO_3 粉末。

将盛有无水 Na_2CO_3 粉末的称量瓶于半自动电光天平上准确称量其质量。

按递减称量法操作向 3 个小烧杯中磕入 $0.4\sim0.5g$ Na_2CO_3 粉末。

将相关数据记入下表中。

粗称质量（称量瓶＋Na_2CO_3）/g		数　据
准确称量质量	第一次称量质量/g	
	第二次称量质量/g	
	1# 烧杯中试样质量/g	
	第三次称量质量/g	
	2# 烧杯中试样质量/g	
	第四次称量质量/g	
	3# 烧杯中试样质量	

四、思考题

1. 如何调定天平的零点？

2. 在什么情况下选用递减称样法称量？

3. 分析天平的使用规则有哪些？为什么取放物品和砝码时都要休止天平？

4. 称量时，添加砝码应遵循什么原则？为什么？

酸 碱 滴 定

一、吸管的使用

吸管是用来准确量取一定体积液体的玻璃仪器。吸管包括单标线吸管和分度吸管，单标线吸管通常叫移液管，分度吸管又叫刻度吸管或吸量管（图 42）。

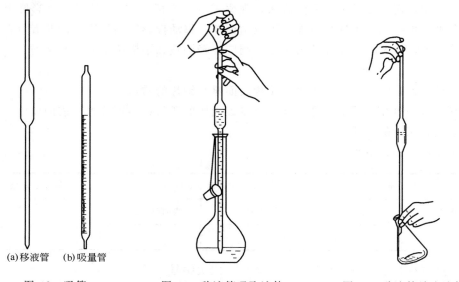

(a)移液管　(b)吸量管		
图 42　吸管	图 43　移液管吸取液体	图 44　移液管放出液体

移液管是一根中间具有膨大部分（称为球体或胖肚）的细长玻璃管。球体上部的玻璃管上刻有环形标线，膨大部分标有指定温度下的容积，即表示在该温度下移出的液体的体积。常用的移液管有 10mL、25mL 等规格。在液体自移液管中自然放出时，最后因毛细作用总有一小部分液体留在移液管下口部不能流出，这时不必用外力使之放出，因为在校正移液管的容量时，没有考虑这一部分液体。放出液体时将移液管的尖嘴靠在容器壁上稍停片刻即可。也有少数移液管，上面标有"吹"字，放出液体时则应将管下口处的液体吹出。

吸量管是一根刻有分度的内径均匀的下口尖细的玻璃管。容量有 1mL、2mL、5mL、10mL 等多种规格。吸量管可以量取非整数的小体积液体。最小分度有 0.01mL、0.02mL、0.1mL 等。量取液体时，每次都应从上端 0 刻度开始，放至所需体积的刻度。

移液管和吸量管在使用前应依次用洗液、自来水、蒸馏水或去离子水洗至内壁不挂水珠，再用少量被量取的液体洗 2～3 次。

吸取液体时，左手拿洗耳球，右手拇指及中指拿住移液管或吸量管的上端标线以上的部位，使管下端插入待取液体的液面下约 2cm 处。不要插入太深，以免管外壁沾有过多液体，影响量取体积的准确性。也不要插入太浅，以免因液面下降而吸空。拿洗耳球的左手的食指或拇指放在球的上方，先把球内空气压出，然后把洗耳球的尖嘴紧按在吸管口上。慢慢松开洗耳球上的食指或拇指，让液体逐渐吸入管内，如图 43 所示。这时眼睛既要注意管中液体上升情况，又要注意将移液管或吸量管随容器中液体的液面下降而往下伸。当液体上升到刻度标线以上时，迅速用食指堵住上部管口。将移液管或吸量管脱离液面，靠在容器内壁上，然后稍微放松食指，同时轻轻转动移液管或吸量管，使标线以上的液体流回去。当管内液面的弯月形最低点与标线相切时，按紧管口，使液体不再流出。将移液管或吸量管移至准备接受液体的容器中，仍使其出口尖端接触器壁，让接受容器倾斜而移液管或吸量管保持直立。松开食指，使液体自然顺容器壁流下，如图 44 所示。待液体流完后，约等 15s，取出移液管或吸量管。

二、容量瓶的使用

容量瓶是一种细颈梨形的玻璃瓶，带有玻璃磨口塞或塑料塞。容量瓶颈上有标线，瓶上标有容积和温度（一般为 20℃），表示在该温度下液体充满至标线时，液体体积恰好与瓶上注明的体积相等。容量瓶是用来配制准确浓度的溶液的量器。

容量瓶在使用前应检查瓶塞是否漏水。具体方法是加自来水至标线，盖好瓶塞，一只手用食指按住瓶塞，其余手指拿住瓶颈，另一只手用指尖托住瓶底边缘（图 45），将容量瓶倒置片刻（图 46）。观察并用滤纸片检查瓶塞是否漏水。不漏水的容量瓶方可使用。按常规操作洗净容量瓶。为避免打破和错配瓶塞，应用细绳或橡皮筋把塞子系于容量瓶的瓶颈上。

若用固体试样配制溶液，应先将称好的固体试样在烧杯中溶解，然后再将溶液自烧杯中转移至容量瓶中（图 47）。用蒸馏水或去离子水多次洗涤烧杯，洗涤液也一并转入容量瓶中，以保证溶质全部转入容量瓶中。然后缓慢地向容量瓶中加入蒸馏水或去离子水至接近标线约 1cm 处。等约 1～2min，使附在瓶颈上的水全部流下。再用洗瓶或滴管逐滴加水至标线，加水时，眼睛应平视标线。水充满至标线后，盖好瓶塞。将容量瓶倒转，等气泡上升后，轻轻振荡，并重复倒转多次，使容量瓶中溶液混合均匀（图 48）。

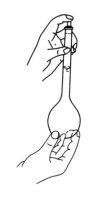   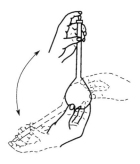

图 45　容量瓶拿法　　　图 46　试漏　　　图 47　溶液转移　　　图 48　振荡容量瓶

若固体试样在溶解过程中经过加热，溶液必须冷却后才能向容量瓶中转移。

若需将一种已知其准确浓度的浓溶液稀释成另一准确浓度的稀溶液，则可用吸量管吸取一定体积的浓溶液于适当规格的容量瓶中，然后以水冲稀至标线，摇匀即可。如要用 2.0100mol·L^{-1} NaOH 溶液配制 100mL 0.09937mol·L^{-1} NaOH 溶液。

根据稀释公式 $c_1 V_1 = c_2 V_2$，计算出需 2.0100mol·L^{-1} NaOH 溶液 4.94mL，则可用吸量管吸取 4.94mL 2.0100mol·L^{-1} NaOH 溶液于 100mL 容量瓶中，以水冲稀至标

线，摇匀即可。

三、滴定管的使用

滴定管分酸式滴定管和碱式滴定管两种，如图 49 所示。酸式滴定管可装放除碱性以及对玻璃有腐蚀作用以外的溶液。酸式滴定管下端有一玻璃旋塞，用以控制滴定过程中溶液的流出速度。碱式滴定管是装放碱性溶液的，其下端用橡皮管连接一个带有尖嘴的小玻璃管。橡皮管内装有一个玻璃珠，用以堵住溶液。滴定时只要用拇指和食指捏住半边橡皮管，轻轻将玻璃珠往另一边挤压，管内便形成一条狭缝，溶液便由狭缝流出。由手指用力的轻重，控制狭缝的大小，从而控制溶液流出的速度。

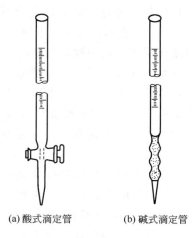

(a) 酸式滴定管　　　　(b) 碱式滴定管

图 49　滴定管

滴定管使用前要检查是否漏水，玻璃旋塞转动是否灵活。酸式滴定管漏水或旋塞转动不灵活，则应卸下旋塞，擦干净旋塞及放置旋塞的旋塞槽内壁，重新涂凡士林油，使之密封和润滑。碱式滴定管漏水，则需更换玻璃珠或橡皮管。

（1）旋塞涂油　首先将旋塞和旋塞槽擦干净，然后用手指粘少量凡士林油擦于旋塞粗的一端及旋塞槽内壁小的一端，沿圆周涂一层，要注意孔的周围不可多涂，以免堵孔。涂完凡士林油以后，按旋塞孔与滴定管平行的方向将旋塞插入旋塞槽内，然后向同一方向转动旋塞，直到从旋塞外观察时呈现透明状为止。若转动仍不灵活或旋塞内油层出现纹路，则表示涂油不够。若有油从旋塞缝隙中溢出或旋塞孔被堵，则表示涂油太多。如遇上述两种情况，都必须重新进行涂油。涂油操作见图 50。涂好油的滴定管经过试漏检查后方可使用。

（2）滴定管的洗涤　滴定管使用前必须洗涤干净，当滴定管装满水再放出时管的内壁仅为一层水膜湿润而不挂水珠，说明滴定管已洗涤干净。若滴定管无明显污迹，可用滴定管刷蘸取洗衣粉刷洗，或直接用自来水冲洗。洗净后的滴定管除用蒸馏水或去离子水冲洗外，还必须用滴定溶液洗 2～3 次，每次用溶液 5～10mL。

（3）赶气泡　酸式滴定管装好溶液后，出口管还未充满溶液，这时可将滴定管倾斜约 30℃，左手迅速开启旋塞让溶液冲出，可使出口管全部充满溶液。若其中仍有气泡，可重复上述操作几次并打开旋塞抖动滴定管，使气泡排出。若这样还有气泡，恐怕是出口管未洗干净，应重新洗涤。

碱式滴定管赶气泡的方法是将橡皮管弯曲向上，玻璃尖嘴稍向上方，用两指挤压玻璃珠外的橡皮管，使溶液从出口管喷出，气泡随之被赶出，如图51所示。注意放下橡皮管时要一边挤压一边放直，否则出口管可能仍然留有气泡。

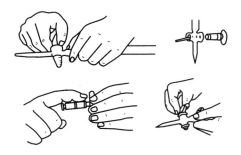
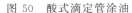

图 50　酸式滴定管涂油　　　　　　　　　图 51　碱式滴定管赶气泡

（4）读数　滴定管注入或放出溶液后，应过 $1\sim2$min，待附着于内壁的溶液流下后再开始读数。读数时滴定管必须处于垂直状态，故读数时应将滴定管从滴定台上取下，用右手大拇指和食指捏住滴定管上部无刻度处，让滴定管保持自然垂直向下。常量滴定管读数应读至以"毫升"为单位的小数点后两位，如 18.64mL，21.30mL 等。

读数时视线必须与读数刻度处于同一水平面。对于无色或浅色溶液，读其弯月面下的最低点的刻度。对于深色溶液，如 $KMnO_4$、碘水等溶液，其弯月面不太清晰，读数时一般是读液面两侧最高点的刻度。应注意初读与终读采用同一方法。

为了便于读数，特别是初学者练习读数，可采用"读数卡"，所谓"读数卡"就是用一张深色纸作为背景。读数时将其放在滴定管背后，使深色纸在弯月面下方约 1mm 处，此时弯月面的反射层呈黑色或深色，便可顺利读出弯月面最低点的刻度。

若滴定管是蓝线衬背的构造，深色溶液的读数方法与上述普通滴定管一样，读其液面两侧最高点的刻度。而无色溶液则是形成两个弯月面，并且相交于蓝线的中间，读数时即读此交点的刻度。滴定管读数如图52所示。

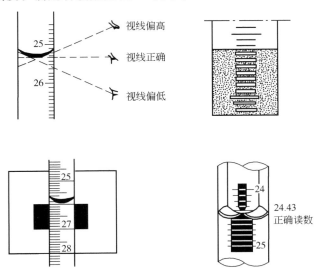

图 52　滴定管读数

（5）滴定操作　进行滴定时应将滴定管垂直地夹在滴定台上。

酸式滴定管的旋塞柄向右，左手无名指和小指向手心弯曲，轻靠于出口管，其余三指中大拇指在管前，食指和中指在管后，三指平行地轻轻捏住旋塞柄，以控制旋塞转动，如图 53 所示。注意不要将旋塞扣得太紧，以免造成旋塞转动困难，也不要向外拉旋塞，以免推松旋塞造成漏液。碱式滴定管操作时只需在玻璃珠偏上部位轻轻向一旁捏橡皮管就行了。不要用力捏玻璃珠，也不能使玻璃珠上下移动。不要捏玻璃珠下部的橡皮管，以免空气进入而形成气泡。

滴定最好在锥形瓶中进行，必要时也可在烧杯中进行。滴定开始前，应将滴定管尖部的液滴用一洁净的小烧杯内壁轻轻碰下。

在锥形瓶中滴定时，用右手前三指（拇指在前，食指、中指在后）握住瓶颈，无名指、小指辅助在瓶内侧，使锥形瓶底部离滴定台约 2～3cm，使滴定管的尖端伸入瓶口下 1～2cm。左手按前所述规范操作控制滴定管旋塞滴加溶液，右手用腕力摇动锥形瓶，注意左右两手配合默契，做到边滴定边摇动使溶液随时混合均匀，以利于反应迅速、完全，操作姿势如图 54 所示。

图 53　操作旋塞　　　　图 54　锥形瓶滴定操作　　　　图 55　在烧杯中滴定操作

在烧杯中进行滴定时，滴定管伸入烧杯内左后方 1～2cm，但不要靠壁太近，右手持玻璃棒在烧杯的右前方搅拌溶液，左手滴加溶液，注意用玻璃棒搅拌时要做圆周运动，但不要接触烧杯壁和底，如图 55 所示。

滴定时左手不能离开旋塞让溶液自行流下，锥形瓶也不能离开滴定管尖端。

摇动锥形瓶时，应用腕力，使溶液向同一方向做圆周运动，而不能来回振荡，以免将溶液溅出，同时不准使瓶口接触滴定管尖端。

滴定时眼睛要注意观察液滴着落点周围溶液颜色的变化，而不要盯着滴定管读数。滴定速度要适当，刚开始滴定，滴定速度可稍快些，一般以每秒 3～4 滴为宜，切不可成液柱流下，接近终点滴定速度要放慢，加一滴，摇几下，最后加半滴甚至四分之一滴溶液摇动几下，直至溶液出现明显的颜色变化，准确到达终点为止。加半滴（或四分之一滴）溶液的方法如下：微微转动旋塞，使溶液悬挂在出口管尖端上，形成半滴（或四分之一滴），用锥形瓶内壁将其沾落，再用洗瓶以少量纯水将附于瓶壁上的溶液冲下，注意用纯水冲洗次数最多不超过 3 次，用水量不能太多，否则溶液太稀，导致终点时变色不敏锐。在烧杯中进行滴定时，加半滴（或四分之一滴）溶液，用玻璃棒下端承接悬挂的溶液，但不要接触滴定管尖。

碱式滴定管滴加半滴溶液时，应先将手指松开，以免出口管尖端出现气泡。

每次滴定最好都是从"0.00"mL处或稍下一点开始，这样可以消除因上下刻度不均匀所引起的误差。

酸碱滴定练习

一、目的要求

1. 熟悉酸碱滴定的原理和未知酸碱溶液浓度的测定。

2. 了解移液管、容量瓶、锥形瓶、滴定管等仪器的使用。

3. 熟悉滴定操作。

二、实验原理

酸碱滴定法是以酸碱中和反应为基础的容量分析法。其实质是

$$H^+ + OH^- \longrightarrow H_2O$$

它是用酸的标准溶液（已知准确浓度的溶液）滴定碱溶液（被测溶液）或用碱的标准溶液滴定酸溶液。

本实验是利用盐酸和氢氧化钠的反应，分别测定 NaOH 溶液和 HCl 溶液的浓度。其滴定终点可分别用酚酞和甲基橙指示剂来确定。根据

$$c(HCl)V(HCl) = c(NaOH)V(NaOH)$$

进行未知浓度的计算。

三、仪器和药品

1. 仪器

酸式滴定管(50mL)　碱式滴定管(50mL)　移液管(25mL)　锥形瓶(250mL)　滴定台、夹、洗耳球

2. 药品及试剂

HCl（0.1mol·L^{-1}左右的标准溶液，待测溶液）

NaOH（0.1mol·L^{-1}左右的标准溶液，待测溶液）

酚酞　甲基橙

四、实验内容

1. 盐酸浓度的测定

用移液管❶准确吸取 25mL 未知浓度的 HCl 溶液于锥形瓶中，加入 2～3 滴酚酞指示剂。将 NaOH 标准溶液装入碱式滴定管中，赶去橡皮管和玻璃尖管内的气泡，调整滴定管内液面位置至"0"或略低于"0"的刻度，记下其准确读数。然后用右手持锥形瓶，左手挤压橡皮管内的玻璃球，使 NaOH 溶液慢慢滴入锥形瓶内，同时不停地轻轻旋转摇动锥形瓶。开始时，NaOH 标准溶液滴出的速度可稍快些，这时，锥形瓶内出现的粉红色会很快消失。当接近终点时，粉红色消失较慢，这时 NaOH 溶液应该逐滴

---

❶　洗净后的移液管和滴定管使用前应用少量待装溶液洗 2～3 次。

加入。每加入一滴 NaOH 溶液，应将溶液摇匀。待粉红色不立即褪去时，可稍停，半分钟内粉红色不消失，滴定即达终点，记下滴定管液面的准确读数。该读数与滴定前液面位置读数之差，即为滴定中所耗去 NaOH 标准溶液的体积。

重复上述各步的操作。两次滴定所消耗的 NaOH 标准溶液的体积相差不应超过 0.05mL。将滴定有关数据填入下表。

项　　目	第一次	第二次	第三次	第四次
NaOH 标准溶液浓度/(mol·L^{-1})				
终读数/mL				
初读数/mL				
消耗 NaOH 溶液体积/mL				
HCl 溶液取量/mL				
HCl 溶液浓度/(mol·L^{-1})				
HCl 溶液平均浓度/(mol·L^{-1})				

2. NaOH 溶液浓度的测定

用移液管准确吸取 25mL 未知浓度的 NaOH 溶液于锥形瓶中，加入 2～3 滴甲基橙指示剂。将 HCl 标准溶液装入酸式滴定管中，赶去滴定管下端出口管内的气泡。调整滴定管内液面位置至"0"或略低于"0"的刻度，记下其准确读数。然后用右手持锥形瓶，左手转动旋塞，使 HCl 溶液慢慢滴入锥形瓶内，同时不停地轻轻旋转摇动锥形瓶。在终点前为黄色。到达终点时溶液迅即转变为橙色。记下终点时滴定管液面的准确读数。该读数与滴定前液面位置的读数之差，即为滴定中所耗去 HCl 溶液的体积。

重复上述各步的操作。两次滴定所消耗的 HCl 溶液的体积之差不应超过 0.05mL。将滴定有关数据填入下表。

项　　目	第一次	第二次	第三次	第四次
HCl 标准溶液浓度/(mol·L^{-1})				
终读数/mL				
初读数/mL				
消耗 HCl 溶液体积/mL				
NaOH 溶液取量/mL				
NaOH 溶液浓度/(mol·L^{-1})				
NaOH 溶液平均浓度/(mol·L^{-1})				

五、思考题

1. 用蒸馏水或去离子水洗净的移液管和滴定管使用前为什么还要用待装溶液进行洗涤？锥形瓶需要如此操作吗？

2. 酸式滴定管和碱式滴定管如何赶气泡？调整滴定管"0"刻度和赶气泡要依怎样的次序？

3. 滴定接近终点时，为什么要用洁净水冲洗锥形瓶内壁？这样做对滴定结果是否会有影响？

4. 滴定结束后，如果滴定管尖嘴外面有液滴或滴定管内壁挂有液滴，对滴定结果会有怎样的影响？

无机物的提纯和制备

实验一 粗食盐的提纯

一、目的要求

1. 了解粗食盐提纯的化学方法。
2. 练习溶解、沉淀、过滤、蒸发、结晶等基本操作。

二、实验原理

粗食盐中主要含有钙、镁、钾、铁的硫酸盐和氯化物等可溶性杂质以及泥沙等机械杂质。

不溶性的机械杂质，可用过滤方法除去；可溶性杂质可以用化学方法除去，即加入合适的化学试剂，将可溶性杂质变为难溶物质而分离除去。所选择的试剂必须具备下列条件：

（1）能与杂质离子生成溶解度很小的沉淀或溶解度小的气体；

（2）试剂本身过量时能设法除去；

（3）尽可能采用便宜、易得到的试剂，以降低成本。

粗食盐中杂质的处理方法如下。

（1）先加入稍过量的 $BaCl_2$ 溶液，使 SO_4^{2-} 转化为难溶的 $BaSO_4$ 沉淀。

$$Ba^{2+} + SO_4^{2-} \longrightarrow BaSO_4 \downarrow （白色）$$

过滤，将 $BaSO_4$ 沉淀除去。

（2）加入 $NaOH$ 和 Na_2CO_3 溶液，便发生下列反应

$$Mg^{2+} + 2OH^- \longrightarrow Mg(OH)_2 \downarrow （白色）$$

$$Ca^{2+} + CO_3^{2-} \longrightarrow CaCO_3 \downarrow （白色）$$

$$Ba^{2+} + CO_3^{2-} \longrightarrow BaCO_3 \downarrow （白色）$$

$$Fe^{3+} + 3OH^- \longrightarrow Fe(OH)_3 \downarrow （红棕色）$$

过滤，可除去上述沉淀。

（3）加盐酸除去过量的 $NaOH$ 和 Na_2CO_3。

$$OH^- + H^+ \longrightarrow H_2O$$

$$CO_3^{2-} + 2H^+ \longrightarrow CO_2 \uparrow + H_2O$$

（4）少量可溶性杂质如 KCl，由于含量很少，在蒸发浓缩和结晶过程中仍留在溶液中，不会和 $NaCl$ 同时结晶出来。

三、仪器和药品

1. 仪器

台秤 布氏漏斗 吸滤瓶 蒸发皿（100mL） 滤纸 水力泵

2．药品及试剂

粗食盐 HCl($2mol \cdot L^{-1}$) Na$_2$CO$_3$($1mol \cdot L^{-1}$) NaOH($2mol \cdot L^{-1}$) BaCl$_2$ （$1mol \cdot L^{-1}$） (NH$_4$)$_2$C$_2$O$_4$($0.5mol \cdot L^{-1}$) KSCN($0.5mol \cdot L^{-1}$) 镁试剂 pH 试纸

四、实验步骤

1．溶解粗盐

用台秤称取 10g 粗食盐，放入 200mL 烧杯中，加入自来水（自己计算用量），加热并搅拌，使其溶解。

2．除去 SO$_4^{2-}$ 和不溶性杂质

在搅动下，往上面的热粗食盐溶液中一滴一滴地加入 $1mol \cdot L^{-1}$ BaCl$_2$ 溶液，直到溶液中的 SO$_4^{2-}$ 都生成 BaSO$_4$ 沉淀为止（BaCl$_2$ 的用量大约 4mL）。继续加热 10min，使 BaSO$_4$ 颗粒长大而易于沉降和过滤。

为了检查 SO$_4^{2-}$ 是否沉淀完全，可暂停加热和搅拌，待沉淀沉降后，沿烧杯壁滴加 1～2 滴 BaCl$_2$ 溶液，观察上层清液中是否还有浑浊现象。若无浑浊现象，说明 SO$_4^{2-}$ 已沉淀完全；若仍有浑浊现象，说明 SO$_4^{2-}$ 沉淀不完全，则需要继续滴加 BaCl$_2$ 溶液，直到沉淀完全为止。

沉淀完全后，继续加热 5min 使沉淀颗粒长大，静置几分钟。用普通漏斗过滤❶，用很少量水洗涤沉淀，洗液并入滤液，弃去滤渣，留滤液。

3．除去钙、镁、钡、铁离子

在滤液中加入 1mL $2mol \cdot L^{-1}$ NaOH 和 3mL $1mol \cdot L^{-1}$ Na$_2$CO$_3$ 溶液，加热至沸。待沉淀下沉后，在上层清液中滴加 Na$_2$CO$_3$ 溶液至不再产生沉淀（pH＝9～10），继续煮沸 10min，静置稍冷，用普通漏斗过滤，弃去滤渣，留滤液。

4．除去过量氢氧化钠和碳酸钠

在上述滤液中，逐滴加入 $2mol \cdot L^{-1}$ HCl 溶液，不断搅拌，至溶液呈微酸性为止（pH＝5～6）。

5．蒸发结晶

将上述溶液移入蒸发皿中，用小火加热蒸发，浓缩至稀粥状的稠液为止（不可以蒸干）。

冷却后用布氏漏斗过滤，尽量将结晶抽干。

再将晶体转移至蒸发皿中，在石棉网上小心慢慢烘干，即为精制食盐。

6．称重并计算收率

将精制食盐冷却，称重，计算 NaCl 的收率。

$$氯化钠的收率 = \frac{精制食盐的质量(g)}{粗食盐的质量(g)} \times 100\%$$

7．产品纯度的检验

在台秤上分别称取 1g 粗食盐和精制食盐，分别用 5mL 蒸馏水溶解，然后按下述方

---

❶ 过滤操作（包括常压过滤和减压过滤）见本书无机化学实验基本操作部分五。

法检验并比较其纯度。

（1）SO_4^{2-} 的检验　取两支试管，分别加入 1mL 粗盐溶液和精盐溶液，然后分别加入几滴 $1mol \cdot L^{-1}BaCl_2$ 溶液，精盐溶液中应无沉淀产生。

（2）Ca^{2+} 的检验　取两支试管，分别加入 1mL 粗盐溶液和精盐溶液，然后分别加入 2 滴 $0.5mol \cdot L^{-1}$（NH_4）$_2C_2O_4$ 溶液，精盐溶液中应无沉淀产生。

（3）Mg^{2+} 的检验　取两支试管，分别加入 1mL 粗盐溶液和精盐溶液，然后各加入 2 滴 $2mol \cdot L^{-1}NaOH$ 溶液，使溶液呈碱性。再各加 2 滴镁试剂，如溶液变蓝，说明有镁离子存在〔$Mg(OH)_2$ 被镁试剂吸附便呈现蓝色〕。精盐溶液中应无 Mg^{2+}。

（4）Fe^{3+} 的检验　取两支试管，分别加入 1mL 粗盐溶液和精盐溶液，然后各加入 1～2 滴 $2mol \cdot L^{-1}HCl$ 溶液，使溶液呈酸性。再各加入 1 滴 $0.5mol \cdot L^{-1}KSCN$ 溶液。在酸性条件下，Fe^{3+} 与 SCN^- 生成血红色的 $Fe(SCN)_n^{3-n}$（$n=1\sim6$）；

$$Fe^{3+} + nSCN^- \longrightarrow Fe(SCN)_n^{3-n}$$

溶液中 Fe^{3+} 浓度愈大，溶液颜色愈深。反之，则愈浅。精盐溶液应没有颜色。

五、思考题

1. 影响精盐收率的因素有哪些？

2. 怎样除去粗食盐中的钙、镁、钾和硫酸根离子？

3. 本实验中所用的沉淀剂 $BaCl_2$ 可否用 $Ba(NO_3)_2$ 或 $CaCl_2$ 代替？Na_2CO_3 能不能用 K_2CO_3 代替？

4. 用布氏漏斗抽滤结束后，能否先关水门后拔橡皮塞或胶皮管？为什么？

5. 过量盐酸如何除去？

6. 浓缩时，为什么不能将精盐溶液直接蒸干？

实验二　粗硫酸铜的提纯

一、目的要求

1. 了解用化学方法提纯硫酸铜。

2. 熟练台秤的使用以及溶解、过滤、蒸发、结晶等基本操作。

二、实验原理

粗硫酸铜晶体中含有不溶性杂质和 $FeSO_4$、$Fe_2(SO_4)_3$ 等。不溶性杂质可用过滤法除去，而可溶性杂质如 $FeSO_4$，常借 H_2O_2 氧化成 $Fe_2(SO_4)_3$。然后调节溶液 pH（一般控制 $pH \approx 4$），使 Fe^{3+} 水解成 $Fe(OH)_3$ 沉淀而除去。其反应如下

$$2FeSO_4 + H_2SO_4 + H_2O_2 \longrightarrow Fe_2(SO_4)_3 + 2H_2O$$

$$Fe^{3+} + 3H_2O \xrightarrow{pH \approx 4} Fe(OH)_3 \downarrow + 3H^+$$

除去铁离子后的滤液，即可蒸发结晶。其他微量可溶性杂质在 $CuSO_4$ 结晶时，仍留在母液中，抽滤时可与 $CuSO_4$ 晶体分离。

三、仪器和药品

1. 仪器

台秤　研钵　布氏漏斗　吸滤瓶　蒸发皿　水浴锅　滤纸　水力泵

2. 药品及试剂

粗 $CuSO_4$（固）　H_2SO_4（$2mol \cdot L^{-1}$）　HCl（$2mol \cdot L^{-1}$）　$NH_3 \cdot H_2O$（$2mol \cdot L^{-1}$，$6mol \cdot L^{-1}$）　$NaOH$（$1mol \cdot L^{-1}$）　H_2O_2（3%）　$KSCN$（$0.5mol \cdot L^{-1}$）　pH 试纸

四、实验步骤

1. 称量与溶解

将粗硫酸铜晶体研细，称取 25g 供提纯用，另称取 1g 用以比较提纯前后硫酸铜中的铁含量。

将 25g 研细的粗硫酸铜放在 250mL 烧杯中，加入 100mL 水，加热、搅拌促其溶解。

2. 沉淀铁离子（Fe^{3+}）

往溶液中滴入 7～8mL 3% H_2O_2，加热，使溶液中 Fe^{2+} 完全氧化为 Fe^{3+}。同时，逐滴加入 $2mol \cdot L^{-1}$ $NaOH$ 溶液，直至溶液的 $pH \approx 4$，继续加热 5min，静置，使水解产物 $Fe(OH)_3$ 充分沉降。

3. 过滤

用倾泻法在普通漏斗上过滤，用少量蒸馏水或去离子水将烧杯及玻璃棒洗涤 2 次，洗液也滤入滤液中，滤液收集到洁净的蒸发皿中，弃去沉淀。

4. 蒸发和结晶

将上述滤液用 $2mol \cdot L^{-1}$ H_2SO_4 酸化，调节 pH 为 1～2，然后把滤液放在水浴上蒸发，至液面上出现晶膜时，停止加热，冷却后就有硫酸铜晶体析出。

5. 抽滤分离

将蒸发皿中的硫酸铜晶体，转移到布氏漏斗中抽滤，并用一洁净的玻璃塞挤压布氏漏斗中的晶体，以尽量将晶体抽干。

6. 称量并计算收率

将硫酸铜晶体自布氏漏斗中取出，放在滤纸上晾干后，称量。母液倒入回收瓶中。

$$硫酸铜的收率 = \frac{精制\ CuSO_4 \cdot 5H_2O\ 的质量（g）}{粗硫酸铜的质量（g）} \times 100\%$$

7. 硫酸铜纯度的检定

（1）将 1g 研细的粗硫酸铜晶体放入小烧杯中，用 50mL 水溶解后，加入 10 滴 $2mol \cdot L^{-1}$ H_2SO_4 酸化，再加入 2mL 3% H_2O_2，煮沸 5min，使其中的 Fe^{2+} 氧化成 Fe^{3+}。

冷至室温后，逐滴加入 $6mol \cdot L^{-1}$ $NH_3 \cdot H_2O$，不断搅拌，至最初生成的蓝色沉淀完全溶解，溶液呈深蓝色为止。此时杂质 Fe^{3+} 生成 $Fe(OH)_3$ 沉淀，而 Cu^{2+} 则变成 $Cu(NH_3)_4^{2+}$ 配离子。有关反应如下

$$Fe^{3+} + 3NH_3 + 3H_2O \longrightarrow Fe(OH)_3 \downarrow + 3NH_4^+$$

$$2CuSO_4 + 2NH_3 + 2H_2O \longrightarrow Cu_2(OH)_2SO_4 \downarrow + (NH_4)_2SO_4$$

（浅蓝色）

$$Cu_2(OH)_2SO_4 + (NH_4)_2SO_4 + 6NH_3 \longrightarrow 2[Cu(NH_3)_4]SO_4 + 2H_2O$$
$$\text{（深蓝色）}$$

用普通漏斗过滤，用 $2mol \cdot L^{-1} NH_3 \cdot H_2O$ 洗涤沉淀，至蓝色洗去为止，此时 $Fe(OH)_3$ 的黄色沉淀留在滤纸上。弃去滤液。

用 4mL 热的 $2mol \cdot L^{-1} HCl$ 溶解 $Fe(OH)_3$ 沉淀，如一次不能完全溶解，可用滤液反复溶解至滤纸呈白色为止。

在滤液中加入 4 滴 $0.5mol \cdot L^{-1} KSCN$ 溶液，观察血红色的产生。其反应如下

$$Fe^{3+} + nSCN^- \longrightarrow Fe(SCN)_n^{3-n}$$

粗硫酸铜中 Fe^{3+} 越多，血红色越深。保留该溶液与下面实验比较。

（2）称取 1g 精制硫酸铜，重复上述操作，比较两溶液血红色的深浅，以评定提纯的效果。

五、思考题

1. 粗硫酸铜提纯过程中，为什么要加 H_2O_2？

2. 除 Fe^{3+}，为什么溶液 pH 值要调节到 4 左右？pH 值太大或太小有什么影响？

3. 在蒸发滤液时，为什么要用微火加热？为什么不可将滤液蒸干？

4. 过滤 $Fe(OH)_3$ 沉淀后的硫酸铜滤液，为什么要用硫酸酸化至 $pH = 1 \sim 2$？

实验三　硫代硫酸钠的制备

一、目的要求

1. 掌握用 Na_2SO_3 制取 $Na_2S_2O_3$ 的方法。

2. 熟练加热、过滤、蒸发、结晶等操作。

3. 了解烘箱的使用。

二、实验原理

含 5 个结晶水的硫代硫酸钠——$Na_2S_2O_3 \cdot 5H_2O$ 俗称大苏打或海波，是一种无色透明的晶体。易溶于水，难溶于酒精。常用作照相业中的定影剂，是实验室中重要的还原剂和分析试剂。其最简单的制备方法是由 Na_2SO_3 溶液与硫黄粉共煮后，再进行过滤、蒸发、结晶。

$$Na_2SO_3 + S + 5H_2O \xrightarrow{\triangle} Na_2S_2O_3 \cdot 5H_2O$$

由于 $Na_2S_2O_3 \cdot 5H_2O$ 在 48℃ 时便发生分解反应，故所得晶体只能在 40℃ 左右烘干。

三、仪器和药品

1. 仪器

台秤　布氏漏斗　吸滤瓶　水力泵　水浴、蒸发皿　烘箱　滤纸

2. 药品及试剂

Na_2SO_3（固）　硫黄粉　活性炭　HCl（$2mol \cdot L^{-1}$）　$KMnO_4$（$0.01mol \cdot L^{-1}$）　$AgNO_3$（$0.1mol \cdot L^{-1}$）　酒精

四、实验步骤

用台秤称取 8g Na_2SO_3 固体和 3g 研细的硫黄粉（用酒精润湿）置于小烧杯中，加入 60～80mL 蒸馏水或去离子水，搅拌均匀。加热煮沸悬浮液，用小火保持微沸状态至其中的硫黄粉反应将尽（约 30min）。加入少量活性炭粉，搅拌。趁热过滤，滤液由蒸发皿承接。将装有滤液的蒸发皿移至水浴上进行蒸发。待溶液中有结晶体出现后，将蒸发皿移至冷水浴中冷却，使其充分结晶❶后，抽滤。同时在布氏漏斗中的晶体上滴入少量酒精以洗涤晶体。用滤纸压干晶体后，将晶体转移至干净的表面皿中，放入烘箱内，于 40℃下干燥 1h。称重并计算产率。

五、产品检验

取略大于绿豆大小的产品，用约 10mL 水溶解制成溶液。

（1）在试管中加入 5 滴 0.01mol·L^{-1} $KMnO_4$ 溶液和 5 滴 2mol·L^{-1} HCl 溶液，然后再加入 2mL 上述用产品制成的溶液，振荡试管，观察 $KMnO_4$ 颜色褪去。反应方程式为

$$2MnO_4^- + 3S_2O_3^{2-} + 6H^+ \longrightarrow 2Mn^{2+} + 2SO_4^{2-} + S_4O_6^{2-} + 3H_2O$$

（2）取上述制成的产品溶液 2mL，加入 1mL 2mol·L^{-1} HCl 溶液，加热。观察气体的产生和溶液出现浑浊。反应方程式为

$$Na_2S_2O_3 + 2HCl \longrightarrow 2NaCl + SO_2\uparrow + S\downarrow + H_2O$$

（3）取上述制成的产品溶液 2mL，滴入 3～5 滴 0.1mol·L^{-1} $AgNO_3$ 溶液，振荡试管，应无沉淀。

$$AgNO_3 + 2Na_2S_2O_3 \longrightarrow Na_3[Ag(S_2O_3)_2] + NaNO_3$$

六、思考题

1. 怎样根据实验提供的原料计算 $Na_2S_2O_3 \cdot 5H_2O$ 的理论产量和产率？
2. Na_2SO_3 和 S 反应，为什么要长时间加热？
3. $Na_2S_2O_3 \cdot 5H_2O$ 产品为什么要低温烘干？

实验四　硫酸亚铁铵的制备

一、目的要求

1. 了解复盐的制备方法。
2. 熟练过滤、蒸发、结晶等基本操作。
3. 了解目视比色法。

二、实验原理

硫酸亚铁铵又称莫尔盐，是浅蓝绿色单斜晶体。它在空气中比一般亚铁盐稳定，不易被氧化，溶于水但不溶于乙醇。

像所有的复盐那样，硫酸亚铁铵 $(NH_4)_2SO_4 \cdot FeSO_4 \cdot 6H_2O$ 在水中的溶解度比

---

❶ 如果溶液蒸发至原体积的一半时，尚无结晶析出，则采用冷水浴冷却。若仍无结晶，可搅拌溶液或加入少量 $Na_2S_2O_3 \cdot 5H_2O$ 晶体促其结晶。

组成它的每一组分［FeSO₄ 或（NH₄）₂SO₄］的溶解度都要小。因此从 FeSO₄ 和（NH₄）₂SO₄ 溶于水所制得的浓的混合溶液中，很容易得到结晶的莫尔盐。

（NH₄）₂SO₄、FeSO₄·7H₂O、FeSO₄·（NH₄）₂SO₄·6H₂O 在不同温度下的溶解度（g/100g H₂O）如下表。

物　　质	温　　度/℃							
	0	10	20	30	40	60	70	80
（NH₄）₂SO₄	70.6	73.0	75.4	78.0	81.0	88.0	—	95.3
FeSO₄·7H₂O	15.7	20.5	26.5	32.9	40.2	—	—	—
FeSO₄·（NH₄）₂SO₄·6H₂O	12.5	17.2	—	—	33.0	—	52.0	—

本实验是先将金属铁溶于稀硫酸制得硫酸亚铁溶液。反应如下

$$Fe + H_2SO_4 \longrightarrow FeSO_4 + H_2 \uparrow$$

往硫酸亚铁溶液中加入硫酸铵并使其全部溶解，加热浓缩制得的混合溶液，冷却过程中结晶析出的便是硫酸亚铁铵复盐。

$$FeSO_4 + (NH_4)_2SO_4 + 6H_2O \longrightarrow (NH_4)_2SO_4 \cdot FeSO_4 \cdot 6H_2O$$

根据上述反应方程式，可利用下面的关系式由铁的实际反应量计算出 FeSO₄ 的理论产量、（NH₄）₂SO₄ 的需要量以及（NH₄）₂SO₄·FeSO₄·6H₂O 的理论产量。

$$Fe \sim FeSO_4 \sim (NH_4)_2SO_4 \sim (NH_4)_2SO_4 \cdot FeSO_4 \cdot 6H_2O$$
$$56g \quad 152g \qquad 132g \qquad\qquad 392g$$
$$m \quad\ x \qquad\ \ y \qquad\qquad\quad z$$

三、仪器和药品

1. 仪器

台秤　布氏漏斗　吸滤瓶　水力泵　比色管　容量瓶　滤纸

2. 药品及试剂

HCl（2mol·L⁻¹）　H₂SO₄（3mol·L⁻¹,浓）　Na₂CO₃（10%）　（NH₄）₂SO₄（固）　KSCN（1mol·L⁻¹）　Fe³⁺ 标准溶液　铁屑　pH 试纸　奈斯勒试纸　BaCl₂（0.1mol·L⁻¹）　K₃［Fe(CN)₆］（0.1mol·L⁻¹）　NaOH（2mol·L⁻¹）

四、实验步骤

1. 铁屑表面油污的去除

称取 4g 铁屑，放在小烧杯中，加入 20mL 10% Na₂CO₃ 溶液，小火加热 10min，倾去碱液，依次用自来水、蒸馏水把铁屑冲洗干净。

2. 硫酸亚铁的制备

将洗净的铁屑放入小烧杯中，加入 30mL 3mol·L⁻¹ H₂SO₄ 溶液，于石棉网上用酒精灯的小火加热，至不再有气泡冒出为止（在加热过程中应添加少量水，以防FeSO₄结晶析出）。趁热过滤，滤液立即转移到蒸发皿中。将滤纸上的铁屑及残渣洗净收集起来，用滤纸吸干、称重。计算已反应铁屑的质量以及 FeSO₄ 的理论产量。

3. 硫酸亚铁铵的制备

根据 FeSO₄ 的理论产量，按 FeSO₄ 与（NH₄）₂SO₄ 物质的量的比为 1∶1 计算所需固体（NH₄）₂SO₄ 的质量。称取所需（NH₄）₂SO₄，参照其溶解度，配成饱和溶液，在

搅拌下倒入盛 $FeSO_4$ 溶液的蒸发皿中，在水浴上蒸发浓缩至表面出现晶体膜为止。放置、冷却即得 $FeSO_4 \cdot (NH_4)_2SO_4 \cdot 6H_2O$ 晶体。用倾析法除去母液，把晶体移入布氏漏斗中抽干，然后用滤纸吸干、称重并计算产率。

4．产品检验

（1）用实验方法证明产品中含 NH_4^+、Fe^{2+} 和 SO_4^{2-}。

取黄豆大小的产品用约 10mL 水溶解，制成溶液。进行下面的实验。

① 在一支试管中加上述试液 1mL，再加入 1mL $2mol \cdot L^{-1}$ NaOH 溶液，加热至沸腾，在试管口盖上一条湿润的奈斯勒试纸，试纸上出现棕红色表示溶液中存在 NH_4^+。反应方程式为

$$NH_4^+ + 2HgI_4^{2-} + 4OH^- \longrightarrow \left[O \underset{Hg}{\overset{Hg}{\diamondsuit}} NH_2 \right] I \downarrow + 7I^- + 3H_2O$$

（棕红色）

② 在试管中加入 1mL 上述试液，滴加 $0.1mol \cdot L^{-1}$ $K_3[Fe(CN)_6]$ 溶液，产生蓝色沉淀表示溶液中存在 Fe^{2+}，反应方程式为

$$3Fe^{2+} + 2Fe(CN)_6^{3-} \longrightarrow Fe_3[Fe(CN)_6]_2 \downarrow$$

（滕氏蓝）

③ 在试管中加入 1mL 上述试液，滴加 $0.1mol \cdot L^{-1}$ $BaCl_2$ 溶液，产生的白色沉淀不溶于 $2mol \cdot L^{-1}$ HCl 溶液，表示溶液中存在 SO_4^{2-}。反应方程式为

$$SO_4^{2-} + Ba^{2+} \longrightarrow BaSO_4 \downarrow$$

（白色）

※ （2）目视比色法检验产品质量。

附：目视比色法简介

用眼睛观察，比较溶液颜色的深浅以确定物质含量的方法叫做目视比色法。其中常用的是标准系列法（色阶法）。它是将被测物质和已知浓度的标准物质在相同条件下显色，当液层的厚度相等、颜色深度相同时，二者的浓度相等。

1．比色管

比色管是由无色优质玻璃制成的平底试管，管壁有环线刻度以指示其容量。比色管的容量有 25mL、50mL、100mL 数种，最常用的是 25mL 和 50mL 的。使用时要选择一套质量、大小、形状相同的比色管，放在特制的比色架上（图 56）。

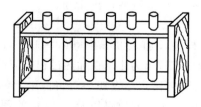

图 56　比色管及比色架

比色管不能用硬毛刷或去污粉刷洗，以免擦伤管壁而影响光线的透过。若内壁沾有油污，可用铬酸洗液浸泡，再用自来水、蒸馏水或去离子水冲洗。洁净的比色管内外壁均不挂水珠。

2. 标准色阶的配制

取一套质量相同的比色管，编上序号，将已知浓度的标准溶液，以不同的体积依次加入比色管中，分别加入等量的显色剂及其他辅助试剂（有时为消除干扰而加），然后稀释到同一刻度，摇匀，即形成标准色阶。比色时，将试样也按同样的方法处理后与标准色阶对比，若试样和某一标准溶液的颜色深度一样，则它们的浓度必定相等。如果被测溶液的颜色深度介于相邻两标准溶液之间，则未知试液的浓度可取两种标准溶液浓度的平均值。

3. 比较颜色的方法

比较溶液颜色深浅的方法有三种。

（1）眼睛由比色管口沿中线向下注视。

（2）将比色管放在眼前，由管侧观察。

（3）有的比色管架下有一镜条，将镜条旋转 $45°$，从镜面上观察比色管底端的颜色深度。

不宜在强光下进行比色，因易使眼睛疲劳，引起较大误差；必要时可以用白纸作为背景进行比色。

Fe^{3+} 限量分析：称取 1.0g 产品置于 25mL 比色管中，用 15mL 不含氧的蒸馏水溶解，加入 2mL2mol·L^{-1} HCl 和 1mL1mol·L^{-1} KCNS 溶液，再加不含氧的蒸馏水至 25mL 刻度，摇匀后将所呈现的红色和标准色阶比较，确定 Fe^{3+} 含量（试剂等级）。

标准色阶的配制如下。

（1）配制 0.1mg·mL^{-1} 的 Fe^{3+} 标准溶液[1]

准确称取 0.4317g$NH_4Fe(SO_4)_2$·$12H_2O$ 溶于少量水中，加入 1.3mL 浓硫酸，定量转入 500mL 容量瓶中，稀释至刻度，摇匀，即为 0.1mg·mL^{-1} Fe^{3+} 标准溶液。

（2）标准色阶的配制[2]

取三支 25mL 比色管，按顺序编号，依次加入 Fe^{3+} 标准溶液 0.5mL、1mL、2mL。分别都加入 2mL2mol·L^{-1} HCl 和 1mL1mol·L^{-1} KCNS 溶液，再加不含氧的蒸馏水至 25mL 刻度，摇匀即成。

一级标准含 Fe^{3+}　　0.05mg

二级标准含 Fe^{3+}　　0.10mg

三级标准含 Fe^{3+}　　0.20mg

五、思考题

1. 如何除去铁屑表面的油污？

2. 为什么要保证 $FeSO_4$ 溶液和 $(NH_4)_2Fe(SO_4)_2$ 溶液具有较强的酸性？

3. 如何计算反应所需的 $(NH_4)_2SO_4$ 的质量和产品的理论产量？

实验五　碳酸钠的制备

一、目的要求

1. 了解联合制碱法的反应原理。

---

[1] 此标准溶液可由实验员统一配制。

[2] 铁的硫氰配合物不稳定，因此标准色阶最好与被测溶液同时加入显色剂，并立即稀释至刻度，摇匀，进行比色。

2. 熟悉复分解反应中利用盐类溶解度的差异来制取一种盐的方法。

3. 掌握恒温水浴操作和减压过滤等操作。

二、实验原理

Na_2CO_3 又名苏打，工业上称为纯碱，是用途很广的化工原料。工业上常采用联合制碱法生产纯碱，它是将 CO_2 和 NH_3 通入 $NaCl$ 溶液中反应生成 $NaHCO_3$，再将 $NaHCO_3$ 在高温下进行灼烧，令其转化为 Na_2CO_3。反应方程式如下

$$CO_2 + NH_3 + NaCl + H_2O \Longrightarrow NaHCO_3 \downarrow + NH_4Cl$$

$$2NaHCO_3 \overset{\triangle}{=\!=\!=} Na_2CO_3 + CO_2 \uparrow + H_2O \uparrow$$

第一个反应实质上是 NH_4HCO_3 和 $NaCl$ 在水溶液中的复分解反应。为简化操作，本实验则直接用 NH_4HCO_3 与 $NaCl$ 作用来制取 $NaHCO_3$。反应方程式为

$$NH_4HCO_3 + NaCl \Longrightarrow NaHCO_3 \downarrow + NH_4Cl$$

由于反应向正方向进行的程度有限，NH_4HCO_3、$NaCl$、$NaHCO_3$ 和 NH_4Cl 同时存在于水溶液中，反应体系是一个复杂的四元交互体系，这些盐在水溶液中的溶解度互相发生影响。但是，根据各种盐在水中不同温度下的溶解度的比较，我们仍然可以粗略判断从反应体系中分离几种盐的最佳条件，从而采用适宜的操作步骤。四种盐在不同温度下的溶解度见下表。

四种盐在不同温度下的溶解度　　　　　　　　　单位：$[g \cdot (100g\ H_2O)^{-1}]$

盐	温度/℃										
	0	10	20	30	40	50	60	70	80	90	100
NaCl	35.7	35.8	36.0	36.3	36.6	37.0	37.3	37.8	38.4	39.0	39.8
NH_4HCO_3	11.9	15.8	21.0	27.0							
$NaHCO_3$	6.9	8.15	9.6	11.1	12.7	14.45	16.4				
NH_4Cl	29.4	33.3	37.2	41.4	45.8	50.4	55.2	60.2	65.6	71.3	77.3

当温度超过 35℃ 时，NH_4HCO_3 就发生分解反应，故反应温度不能超过 35℃。但温度太低又影响了 NH_4HCO_3 的溶解，从而影响 $NaHCO_3$ 的生成，故反应温度又不宜低于 30℃。从溶解度表看出，在 30～35℃ 范围内，$NaHCO_3$ 的溶解度在四种盐中是最低的。因此，选择在该温度范围内将研细的 NH_4HCO_3 粉末溶于浓的 $NaCl$ 溶液中，在充分搅拌下，就可析出 $NaHCO_3$ 晶体。将 $NaHCO_3$ 晶体分离后进行热分解反应，便可得 Na_2CO_3 产品。

三、仪器和药品

1. 仪器

布氏漏斗　吸滤瓶　水力泵　蒸发皿　滤纸　温度计

2. 药品及试剂

食盐水(自配)　混合碱液（$3mol \cdot L^{-1}$ $NaOH$ 溶液与 $1.5mol \cdot L^{-1}$ Na_2CO_3 溶液等体积混合）　NH_4HCO_3(固)　pH试纸　HCl（$6mol \cdot L^{-1}$）

四、实验步骤

1. 精制食盐水

称取 17g 粗食盐于 150mL 小烧杯中，以 50mL 水溶解后，用混合碱液调节其 pH 至 11 左右，使粗食盐中的 Ca^{2+}、Mg^{2+} 以沉淀析出。

$$Ca^{2+} + CO_3^{2-} \longrightarrow CaCO_3 \downarrow$$

$$2Mg^{2+} + 2OH^- + CO_3^{2-} \longrightarrow Mg(OH)_2 \cdot MgCO_3 \downarrow$$

加热至沸腾，抽滤（吸滤瓶要洁净），以除去 Ca^{2+}、Mg^{2+} 形成的沉淀及其他机械杂质。将滤液转移至烧杯中，用 $6mol \cdot L^{-1}$ HCl 溶液调节其 pH 至 7。

2．制取 $NaHCO_3$

将盛有滤液——NaCl 溶液的烧杯置于水浴中微热，控制溶液温度在 30～50℃ 之间。在不断搅拌的情况下分多次将 21g 研细的 NH_4HCO_3 粉末加到溶液中，继续保温并搅拌半小时，让反应得以充分进行。停止搅拌后，继续保温静置约 1h，使产生的 $NaHCO_3$ 颗粒增大，以利于分离和洗涤。抽滤，同时用少量蒸馏水或去离子水洗涤晶体两次，以除去黏附的铵盐，继续抽干，称量，母液回收❶。

3．制取 Na_2CO_3

将抽干后的 $NaHCO_3$ 晶体转移至蒸发皿中，于电炉或酒精灯上加热约 2h，并不断用玻璃棒搅拌。冷却，称重。以 NaCl 消耗量计算 Na_2CO_3 的收率。

或将抽干后的 $NaHCO_3$ 晶体转移至蒸发皿中，加入约 10g（记下准确质量）Na_2CO_3 干粉末（用以防止黏结器壁），拌匀，送入烘箱，于 170～200℃ 下烘烤 20min。取出冷却，称量，除去中途加进的 Na_2CO_3，由食盐消耗量计算 Na_2CO_3 的收率。

五、产品检验

准确的产品检验应采用化学分析方法测定产品 Na_2CO_3 的含量。本实验可粗略检验，其方法为：取绿豆大小的产品于试管中，用 1～2mL 水溶解后，用 pH 试纸测其 pH。pH 应接近 14。其他项目的检验略。

六、思考题

1．实验中若对原料食盐不进行提纯，对产品有何影响？为何不要求预先除去 SO_4^{2-}？

2．反应制取 $NaHCO_3$ 时，为什么要求控制温度在 30～35℃ 之间？

3．操作中，静置有何意义？

实验六　三草酸合铁（Ⅲ）酸钾的制备

一、目的要求

1．了解利用沉淀反应、氧化还原反应和配位反应等反应制取三草酸合铁（Ⅲ）酸钾的方法。

2．了解三草酸合铁（Ⅲ）酸钾的性质。

3．熟练溶解、沉淀、水浴加热、过滤（常压和减压）、蒸发、结晶等基本操作。

---

❶　回收的母液，用浓盐酸缓慢酸化至 pH＝6，其中的 NH_4HCO_3 和 $NaHCO_3$ 全部转化为 NH_4Cl 和 NaCl，经蒸发至 110℃ 左右，NaCl 结晶析出。过滤，将滤液于 5～12℃ 的冷盐水中冷却并维持约 1h，NH_4Cl 结晶析出。故得以回收 NaCl 和 NH_4Cl。

二、实验原理

三草酸合铁（Ⅲ）酸钾（$K_3[Fe(C_2O_4)_3] \cdot 3H_2O$）是翠绿色单斜晶体，易溶于水，溶解度 0℃为 4.7g·$(100g\ H_2O)^{-1}$、100℃时为 117.7g·$(100g\ H_2O)^{-1}$，难溶于乙醇等有机溶剂，极易感光，常温下光照变为黄色，发生如下的光化学反应

$$2K_3[Fe(C_2O_4)_3] \xrightarrow{h\gamma} 2FeC_2O_4 + 3K_2C_2O_4 + 2CO_2$$

生成的 FeC_2O_4 遇铁氰化钾—$K_3[Fe(CN)_6]$［六氰合铁（Ⅲ）酸钾］可反应生成滕氏蓝沉淀

$$3FeC_2O_4 + 2K_3[Fe(CN)_6] \longrightarrow Fe_3[Fe(CN)_6]_2 \downarrow + 3K_2C_2O_4$$

在实验室可进行感光实验。

三草酸合铁（Ⅲ）酸钾由于具有光化学活性，能定量进行光化学反应，常用于作化学光量计。同时它也是制备负载型铁催化剂的主要原料。

实验室可以以铁粉为原料，通过沉淀反应、氧化还原反应、配位反应等多步反应，最后制得三草酸合铁（Ⅲ）酸钾水合晶体。其主要反应是

$$Fe(s) + H_2SO_4 \longrightarrow FeSO_4 + H_2 \uparrow$$

$$FeSO_4 + H_2C_2O_4 + 2H_2O \longrightarrow FeC_2O_4 \cdot 2H_2O \downarrow + H_2SO_4$$

$$2FeC_2O_4 \cdot 2H_2O + H_2O_2 + 3K_2C_2O_4 + H_2C_2O_4 \longrightarrow 2K_3[Fe(C_2O_4)_3] \cdot 3H_2O \downarrow + H_2O$$

溶液加入乙醇后，便析出三草酸合铁（Ⅲ）酸钾晶体。

本实验为缩减时间，拟略去硫酸亚铁的制备，直接以亚铁盐为原料。

三、仪器和药品

1. 仪器

台秤　布氏漏斗　吸滤瓶　水力泵　恒温水浴　滤纸

2. 药品及试剂

$(NH_4)_2Fe(SO_4)_2 \cdot 6H_2O$（固）　H_2SO_4（3mol·L^{-1}）　H_2O_2（3％）　$H_2C_2O_4$（饱和溶液）　$K_2C_2O_4$（饱和溶液）　乙醇（95％）　$K_3[Fe(CN)_6]$（0.1mol·L^{-1}）

四、实验步骤

1. Fe(Ⅱ) 溶液的配制

称取 5.0g $(NH_4)_2Fe(SO_4)_2 \cdot 6H_2O(s)$（或 3.0g $FeCl_2$，或 3.0g $FeSO_4$）置于 150mL 烧杯中，加入 15mL 水和几滴 3mol·L^{-1} H_2SO_4 溶液❶，加热溶解。

2. 三草酸合铁（Ⅲ）酸钾的制取

（1）沉淀　在前面所制得的 Fe(Ⅱ) 溶液中加入 25mL 饱和 $H_2C_2O_4$ 溶液，搅拌并加热至沸腾，静置片刻，待形成的黄色 $FeC_2O_4 \cdot 2H_2O$ 沉降后，用倾析法弃去上层清液，用水（每次约 25mL）洗涤沉淀 2～3 次，弃去清液以除去可溶性杂质。

（2）氧化　在上述沉淀中加入 10mL 饱和 $K_2C_2O_4$ 溶液，在水浴上加热至 40℃，

---

❶　在配制 Fe^{2+} 溶液时，加入硫酸酸化，为了防止 Fe^{2+} 水解。但酸性不宜太强，否则不利于下步草酸铁沉淀的生成。

恒温 40℃ ❶，用滴管慢慢加入 20mL 3％ H_2O_2 溶液，不断搅拌。使 Fe(Ⅱ) 充分氧化为 Fe(Ⅲ)。待 H_2O_2 溶液滴完后，加热溶液至沸腾以除去过量的 H_2O_2。

（3）生成配合物　保持上述溶液近沸状态，分两次加入饱和 $H_2C_2O_4$ 溶液共约 8～9mL，使沉淀溶解。保持溶液 pH 4～5（此时溶液为翠绿色），趁热过滤（最好将滤液控制在 30mL 左右，若体积太大，可在水浴上进行浓缩），滤液中加入 10mL 95％乙醇（此时若有晶体析出，可温热溶液使析出的晶体再溶解）。用表面皿将烧杯盖好，让溶液在避光情况下静置（或过夜），待充分结晶后抽滤。用少量 95％乙醇洗涤晶体 2 次，所得晶体即为 $K_3[Fe(C_2O_4)_3]\cdot 3H_2O$ 产品。称重，计算产率。

将产品避光保存。

附：三草酸合铁（Ⅲ）酸钾的性质实验

（1）取少许三草酸合铁（Ⅲ）酸钾产品置于表面皿中，在日光照射下，观察晶体颜色的变化（生成黄色的草酸亚铁和碱式草酸铁的混合物）。

（2）取 0.3～0.5g 三草酸合铁（Ⅲ）酸钾产品，加水 5mL 配成溶液。将溶液涂于滤纸上，附上图案，在日光下照射数秒，曝光后去掉图案，用 $0.1mol\cdot L^{-1} K_3[Fe(CN)_6]$ 溶液湿润或漂洗，滤纸上应显出图案来。

五、思考题

1. $K_3[Fe(C_2O_4)_3]$ 为何要避光保存？

2. 如何证明所制得的产品是配合物而不是单盐？

3. 在 $K_3[Fe(C_2O_4)_3]$ 溶液中存在下列平衡

$$[Fe(C_2O_4)_3]^{3-} \Longrightarrow Fe^{3+} + 3C_2O_4^{2-}$$

$$+ \qquad\qquad +$$

$$OH^- \qquad\qquad H^+$$

$$\Updownarrow \qquad\qquad \Updownarrow$$

$$Fe(OH)^{2+} \qquad HC_2O_4^-$$

试分析溶液 pH 对上述平衡及产品质量的影响。

实验七　磷酸二氢钠和磷酸氢二钠的制备

一、目的要求

1. 了解磷酸二氢钠和磷酸氢二钠的制备方法。

2. 巩固多元弱酸的电离平衡。

3. 熟悉多元弱酸的酸式盐的电离、水解和溶液 pH 的关系。

二、实验原理

磷酸为三元酸，用 Na_2CO_3 溶液和 NaOH 溶液可以不同程度地中和其中的 H^+，而获得不同的磷酸盐。

---

❶　加热为的是加快非均相反应的速率，但加热又会促进 H_2O_2 的分解，故温度不宜太高，约为 40℃（手感温热即可）。

NaH_2PO_4 溶液中，由于 $H_2PO_4^-$ 既可以发生电离又可以发生水解

$$H_2PO_4^- \Longrightarrow H^+ + HPO_4^{2-}$$

$$H_2PO_4^- + H_2O \Longrightarrow H_3PO_4 + OH^-$$

电离使溶液增加 H^+，而水解使溶液增加 OH^-，但是因为电离的趋势比水解的趋势大，故 NaH_2PO_4 溶液显示酸性，pH 约为 4.6。在 Na_2CO_3 与 H_3PO_4 发生中和反应时，若控制 pH 为 4.6 左右，则生成 NaH_2PO_4。

$$Na_2CO_3 + 2H_3PO_4 \longrightarrow 2NaH_2PO_4 + CO_2 \uparrow + H_2O$$

浓缩溶液，则可得 $NaH_2PO_4 \cdot 2H_2O$ 结晶。

而在 Na_2HPO_4 溶液中，HPO_4^{2-} 水解的趋势比电离的趋势大

$$HPO_4^{2-} + H_2O \Longrightarrow H_2PO_4^- + OH^-$$

$$HPO_4^{2-} \Longrightarrow H^+ + PO_4^{3-}$$

故 Na_2HPO_4 溶液显示碱性，pH 约为 9.8。在 NaOH 与 H_3PO_4 发生中和反应时，若控制 pH 为 9.8 左右，则生成 Na_2HPO_4

$$2NaOH + H_3PO_4 \longrightarrow Na_2HPO_4 + 2H_2O$$

浓缩溶液，则可得 $Na_2HPO_4 \cdot 12H_2O$ 结晶。

三、仪器和药品

1. 仪器

台秤　布氏漏斗　吸滤瓶　水力泵

2. 药品及试剂

H_3PO_4（浓）　NaOH（$2mol \cdot L^{-1}$, $6mol \cdot L^{-1}$）　Na_2CO_3（固，无水）　酒精（无水）　广泛 pH 试纸　精密 pH 试纸（0.5~5.0，8.2~10.0）

四、实验步骤

1. $NaH_2PO_4 \cdot 2H_2O$ 的制备

量取 10mL H_3PO_4 倒入 150mL 烧杯中，再小心加入 80mL 水，搅拌均匀后再分多次缓慢加入无水 Na_2CO_3 约 9g，调节溶液 pH 为 4.6❶。将溶液转入蒸发皿中，水浴加热或置于石棉网上用小火加热至溶液表面出现较厚晶膜后（此时溶液体积大约为原体积的一半），停止加热，稍冷后置于冰水浴中冷却至室温以下。待晶体充分析出后抽滤，晶体用 3~5mL 无水酒精洗涤 2~3 次。将产品称重回收，并计算产率。

2. $Na_2HPO_4 \cdot 12H_2O$ 的制备

量取 5mL H_3PO_4 倒入 150mL 烧杯中，加入 70mL 水，搅拌均匀。缓慢加入 $6mol \cdot L^{-1}$ NaOH 溶液约 30mL，调节 pH7~8 时，改用 $2mol \cdot L^{-1}$ NaOH 溶液将 pH 准确调至 9.8（若 pH > 9.8 时，可用 H_3PO_4 回调）。将溶液转入蒸发皿中，在水浴上蒸发至微晶出现，停止加热，冷却（为防止晶体结块，冷却过程中可适当搅动）。待晶体充分析出后，抽滤，用 3~5mL 无水酒精洗涤晶体 2~3 次。将产品称重回收，并计算产率。

---

❶ 测定 pH 的精确值时，先用广泛 pH 试纸初测，再用精密 pH 试纸准确测定。测定时应用玻璃棒蘸取待测液，再将液珠滴于试纸上，严禁将试纸直接投入待测溶液中。pH 用 NaOH 溶液和 H_3PO_4 调节。

五、思考题

1. 写出 H_3PO_4 的电离方程式。

2. 写出 NaH_2PO_4 和 Na_2HPO_4 的电离方程式和水解方程式。

3. 为什么 NaH_2PO_4 溶液和 Na_2HPO_4 溶液的 pH 不相等?

实验八　高锰酸钾的制备

一、目的要求

1. 学会用二氧化锰做原料制备高锰酸钾的原理和方法。

2. 熟悉有关碱熔法、浸取以及玻璃砂芯漏斗抽滤的操作。

3. 巩固称量、蒸发、结晶等实验操作。

二、实验原理

MnO_2 和强氧化剂（如 $KClO_3$）与强碱共熔可制得 K_2MnO_4（锰酸钾）墨绿色晶体

$$3MnO_2 + KClO_3 + 6KOH \xrightarrow{熔融} 3K_2MnO_4 + KCl + 3H_2O$$

K_2MnO_4 溶于水并在水中发生歧化反应

$$3K_2MnO_4 + 2H_2O \longrightarrow 2KMnO_4 + MnO_2 + 4KOH$$

酸性介质中（如加酸或通入 CO_2 气体），上述歧化反应的趋势和速率更大

$$3K_2MnO_4 + 2CO_2 \longrightarrow 2KMnO_4 + MnO_2 + 2K_2CO_3$$

滤去 MnO_2 固体，将滤液蒸发浓缩，由于 $KMnO_4$ 在水中的溶解度比 K_2CO_3 小，故首先析出 $KMnO_4$ 晶体❶。

三、仪器和药品

1. 仪器

台秤　吸滤瓶　水力泵　玻璃砂芯漏斗　铁坩埚　铁搅棒（截取 20cm 长的 10 号铁丝用锉刀打磨光两端即成）　坩埚钳

2. 药品及试剂

$KClO_3$（固）　KOH（固）　MnO_2（固,工业用）　CO_2 气体(由钢瓶中或启普发生器中获得)　pH 试纸

四、实验步骤

1. 熔化、氧化

称取 4g KOH 固体和 2g $KClO_3$ 固体倒入铁坩埚中，用铁搅棒搅拌均匀，将铁坩埚置于石棉网上用小火加热，边加热边搅拌（注意不要近距离在铁坩埚上方观察）。待混

---

❶ 用此法制备 $KMnO_4$，只有三分之二的 Mn 转化为 $KMnO_4$，若采用向 K_2MnO_4 溶液中通 Cl_2 或采用电解 K_2MnO_4 溶液的方法，K_2MnO_4 中的 Mn 便可完全转化为 $KMnO_4$

$$2K_2MnO_4 + Cl_2 \longrightarrow 2KMnO_4 + 2KCl$$

$$2K_2MnO_4 + 2H_2O \xrightarrow{电解} 2KMnO_4 + 2KOH + H_2$$

因此，工业上多用电解法由软锰矿生产 $KMnO_4$，特别是电力资源丰富的地方。

由于学时限制和顾及安全问题，本实验采用 CO_2 使 K_2MnO_4 转化为 $KMnO_4$ 的方法。

合物熔融后，将 3g MnO_2 固体在搅拌的同时分多次小心加入铁坩埚中。随着反应的进行，熔融物黏度增大，加快搅拌速度以防止结块或粘在铁坩埚壁上。待反应物料干涸后，加大火强热 5～10min，并适当翻动，用铁搅棒将熔块捣碎。

2. 浸取

待铁坩埚内物料冷却后，连同铁坩埚一起放入已盛有约 100mL 水的 250mL 烧杯中共煮至熔融物全部溶解，取出坩埚（用坩埚钳），得 K_2MnO_4 溶液。

3. 锰酸钾歧化

将上述所得墨绿色溶液趁热通入 CO_2 气体，直至 K_2MnO_4 全部歧化（用玻璃棒蘸取溶液滴于滤纸上，若滤纸上只有紫红色痕迹而不见绿色，即可认为 K_2MnO_4 已歧化完全）。继续加热，趁热用玻璃砂芯漏斗抽滤，弃去残渣（MnO_2）。

4. 蒸发结晶

将上述滤液转入蒸发皿中，小火加热，浓缩至液面出现微小晶粒，停止加热，自然冷却。待 $KMnO_4$ 晶体充分析出后，以玻璃砂芯漏斗抽干。将产品转移至洁净的表面皿上，称重并计算产率。

五、思考题

1. 写出用 MnO_2 制备 $KMnO_4$ 的反应方程式。
2. 为什么由 MnO_2 制 K_2MnO_4 时用铁坩埚而不用瓷坩埚？
3. 可以在盐酸酸性介质中来完成 K_2MnO_4 的歧化吗？为什么？
4. 抽滤 $KMnO_4$ 溶液为什么用玻璃砂芯漏斗而不用布氏漏斗？

实验九　硫酸铜的制备

一、目的要求

1. 掌握用废铜与硫酸作用制取五水硫酸铜的方法。
2. 熟练称量、溶解、蒸发、结晶、过滤等基本操作。

二、实验原理

在金属活动顺序中，铜位于氢之后，故金属铜不能直接与稀硫酸反应。虽然金属铜可以与浓硫酸作用生成硫酸铜，但在反应过程中铜的表面常常会生成难溶的硫化铜和硫化亚铜，从而阻碍浓硫酸与金属铜表面的接触。如果在铜与稀硫酸体系中加入强氧化剂（如 HNO_3 等），可令反应进行，同时也可抑制硫化铜和硫化亚铜的生成。本实验以废铜丝为原料，稀硫酸为溶剂，浓硝酸为氧化剂来制备硫酸铜。其反应方程式为

$$Cu + H_2SO_4 + 2HNO_3 \longrightarrow CuSO_4 + 2NO_2 \uparrow + 2H_2O ❶$$

废铜与混酸作用后，不溶性杂质可以过滤除去，可溶性杂质及硝酸铜可利用它们在水中溶解度的差距用结晶法分离。由于硝酸铜的溶解度比硫酸铜的溶解度大很多〔以 20℃为例，$S(CuSO_4 \cdot 5H_2O) = 20.7g \cdot (100g\ H_2O)^{-1}$，$S[Cu(NO_3)_2 \cdot 6H_2O] = 125.1g \cdot (100g\ H_2O)^{-1}$〕，热溶液冷却后易析出五水硫酸铜晶体。

---

❶　由于反应中有 NO_2 气体放出，且反应时间较长，实验需在通风橱内进行。

三、仪器药品

1. 仪器

蒸发皿　吸滤瓶　水力泵　布氏漏斗

2. 药品

$H_2SO_4(6mol \cdot L^{-1})$　HNO_3（浓）　废铜丝

四、实验步骤

称取 5g 废铜丝于 150mL 烧杯中，加入 $25 \sim 30mL$ $6mol \cdot L^{-1}$ H_2SO_4 溶液，逐滴加入浓 HNO_3 约 6mL，边加边搅拌。开始反应较剧烈，待反应平缓后，将烧杯移至石棉网上，用酒精灯小火加热，直至其中的铜完全溶解。若剩余的铜较多，可再滴入 $1 \sim 2mL$ 浓 HNO_3 令反应完全。稍冷，用倾析法将溶液移至蒸发皿中（必要时可过滤），弃去不溶物。$CuSO_4$ 溶液用酒精灯小火加热浓缩并不断搅拌。当溶液表面出现晶膜时停止加热和搅拌，冷却。待晶体充分析出后，用布氏漏斗抽滤，晾干，称重。计算产率。

五、思考题

1. 为什么不用浓硫酸与废铜丝直接反应来制取硫酸铜？

2. 写出铜与硝酸反应的化学方程式。说明在制备五水硫酸铜时，为使产品中不含硝酸铜，操作上应注意什么？

实验十　废银盐溶液中银的回收

一、目的要求

1. 学会从含 AgX、$AgNO_3$ 及其他银盐废液中回收金属银的方法。

2. 熟悉马弗炉的使用。

3. 熟练沉淀的洗涤和过滤。

二、实验原理

实验室的废银盐溶液中，一般含有 AgX 和 $AgNO_3$；照相业的定影过程中，感光材料乳剂膜中约有 75% 的 AgBr 溶于定影液中而成为配合物 $Na_3[Ag(S_2O_3)_2]$。其反应为

$$AgBr + 2Na_2S_2O_3 \longrightarrow Na_3[Ag(S_2O_3)_2] + NaBr$$

将这些含有银的废液进行回收，可用 Na_2S 将其中的 Ag^+ 沉淀出来。其反应为

$$2AgX + Na_2S \longrightarrow Ag_2S \downarrow + 2NaX$$

$$2AgNO_3 + Na_2S \longrightarrow Ag_2S \downarrow + 2NaNO_3$$

$$2Na_3[Ag(S_2O_3)_2] + Na_2S \longrightarrow Ag_2S \downarrow + 4Na_2S_2O_3$$

再将产生的 Ag_2S 进行高温火法提炼，即可将金属银回收。其反应为

$$Ag_2S + O_2 \xrightarrow{1000℃} 2Ag + SO_2 \uparrow$$

三、仪器和药品

1. 仪器

布氏漏斗　吸滤瓶　研钵　瓷坩埚　马弗炉　水力泵

2. 药品及试剂

Na_2S（固体或饱和溶液）　$Na_2B_4O_7 \cdot 10H_2O$（固）　Na_2CO_3（固）　NaOH（6mol ·

L^{-1}）　醋酸铅试纸　pH 试纸　废银盐实验液或废定影液

四、实验步骤

1. 沉淀 Ag^+

将 150mL 含银盐的实验液或 300mL 废定影液置于 500mL 烧杯中，用 pH 试纸测其 pH，若 pH<8，则用 6mol·L^{-1} NaOH 溶液中和至 pH=8（以防止加入 Na_2S 后产生 H_2S 气体）。在不断搅拌的情况下慢慢加入约 3g Na_2S 晶体或滴加 Na_2S 饱和溶液，使其中 Ag^+ 以 Ag_2S 沉淀析出，至上层清液使醋酸铅试纸变黑为止。静置。

2. 沉淀的洗涤和抽滤

倾去上层清液，将 Ag_2S 沉淀转移至 250mL 烧杯中，用热水洗涤沉淀至无 S^{2-}（上层清液不再使醋酸铅试纸改变颜色）。抽滤。将 Ag_2S 沉淀转移至蒸发皿中，炒干，冷却，称重。

3. 高温提炼银

按质量 $m(Ag_2S)：m(Na_2CO_3)：m(Na_2B_4O_7)=3：2：1$ 的比例加入无水 Na_2CO_3 和硼砂，于研钵中研细混匀后，移入瓷坩埚中。将坩埚放入马弗炉内，控制 1000℃ 的温度，灼烧 1h。小心取出坩埚，迅速将熔体倒入预先制好的砂型中。冷却，水洗，称重。计算废液中银的含量（g·L^{-1}）。

将回收的产品交指导教师由实验室统一保存，严禁私自带出实验室。

五、思考题

1. 实验室从含银废液中回收银的原理是什么？
2. 如何洗涤沉淀？

课外实验

制备去离子水

在化学实验中，水是必不可少的。洗涤仪器需要水，配制溶液需要水。水质的好坏对实验结果有着直接的影响。天然水和自来水中都含有较多的杂质，不宜用来直接进行化学实验以及洗涤仪器、配制溶液。必须将水提纯。经过提纯的水叫纯水，通常因提纯方法不同，纯水有蒸馏水和去离子水等。

用离子交换法制取的洁净水叫去离子水。去离子水不仅水质好，而且成本低，制取方法简便快捷。

一、实验原理

离子交换树脂是一种高分子化合物，它在水和酸碱溶液中均不溶解。并对热和其他化学试剂均具有一定的稳定性。离子交换树脂具有交换容量高、机械强度好、耐磨性大、膨胀性小、可长时间使用等优点。在离子交换树脂网状结构的骨架上具有与溶液中的离子起交换作用的活性基团。根据活性基团的不同，离子交换树脂有阳离子交换树脂和阴离子交换树脂之分。制取洁净的水通常是选用强酸型（氢型）阳离子交换树脂和强碱型（氢氧型）阴离子交换树脂。将含有阴、阳离子杂质的水经过离子交换树脂，离子交换树脂上的 OH^- 和 H^+ 分别与水中的阴离子和阳离子发生交换。水中的阴、阳离子交换到离子交换树脂上，离子交换树脂上的 OH^- 和 H^+ 进入水中，又结合成水。从而达到纯水的目的。

$$RH+A^+ \longrightarrow RA+H^+$$
$$+$$
$$ROH+B^- \longrightarrow RB+OH^-$$
$$\downarrow$$
$$H_2O$$

离子交换树脂使用一段时间后，由于水中溶解的离子已将其饱和，便失去了交换能力，应进行处理，令其再生。通常是用一定浓度的酸、碱溶液浸泡，分别将饱和树脂上所吸附的阳离子和阴离子置换下来，使离子交换树脂重新获得交换能力。实际上离子交换树脂的再生反应是交换反应的逆过程。

$$RA+H^+ \longrightarrow RH+A^+$$
$$RB+OH^- \longrightarrow ROH+B^-$$

二、仪器和药品

离子交换柱(3个)　阳离子交换树脂　阴离子交换树脂　试剂瓶(下口瓶)　试管　氨缓冲溶液($6mol \cdot L^{-1} NH_3 \cdot H_2O \sim 1mol \cdot L^{-1} NH_4Cl$)　铬黑 T　$AgNO_3$($1mol \cdot L^{-1}$,酸性) pH 试纸

三、操作步骤

1. 新树脂的预处理❶

离子交换树脂由于在生产、贮存、运输等环节中常常会带入少量的低聚物、反应试剂、尘埃、色素及醇溶性物质等。如果这些杂质转入水中，则会影响水质。因此，必须对新树脂进行使用前的预处理。

新树脂的预处理过程大致为：自来水反复漂洗和浸泡→95％酒精浸泡→自来水反复漂洗→酸（HCl）、碱（NaOH）浸泡→自来水漂洗。

2. 装柱

将预处理好的阳离子交换树脂和阴离子交换树脂分别各装一柱，另混合装一柱阳、阴离子交换树脂。将三柱用橡皮管串联起来，将自来水依次通过阳离子交换柱，再通过阴离子交换柱，最后通过阳、阴离子混合交换柱。最后一柱的出口橡皮管安装止水夹。

注意：交换柱应先洗去油污物质，并用去离子水冲洗干净。装柱时，应先在柱中装入约半柱水，然后再将树脂和水一起倒入柱中。装柱时，柱中的水不能漏干，否则树脂间会形成空气泡影响交换效果和出水量。

3. 制水

将最后一柱出口的止水夹打开，缓缓打开自来水龙头，让通过过滤器的自来水进入第一柱，这样进出水便形成通路。

若出水口流出的水质合格，便可投入使用。

---

❶ 该过程大约需要三天以上的时间，可请实验室老师统一处理。

4. 水质检查❶

（1）取水样 10mL 于试管中，滴入 2～3 滴氨缓冲溶液和 2～3 滴铬黑 T 指示剂溶液，若水呈蓝色，表明水中已无金属阳离子。若水呈现紫红色，则表明水中还含有金属阳离子，说明交换尚不合格。

（2）取水样 10mL 于试管中，加入 5～10 滴 1mol·L^{-1} AgNO$_3$ 溶液，振荡，在黑色背景下观察水中是否出现白色浑浊，如水无色透明，表明水中已无 Cl$^-$ 存在，其他阴离子也相应除净。否则说明交换不合格。

5. 树脂再生

离子交换树脂经过一段时间交换，制出一定量的合格水后，便会饱和失去交换能力。应用酸、碱溶液分别对阳离子交换树脂和阴离子交换树脂进行淋洗或浸泡的再生过程，使它们重新转变为氢型和氢氧型继续使用。

再生过程操作比较复杂，时间也比较长（这一过程可请实验老师完成）。实验做完后，一定要在实验老师指导下，按规定回收离子交换树脂。

常见离子的鉴定

1. NH$_4^+$

NH$_4^+$ 与奈斯勒试剂作用生成棕黄色沉淀。

$$NH_4^+ + 2HgI_4^{2-} + 4OH^- \longrightarrow \left[O \underset{Hg}{\overset{Hg}{\diamond}} NH_2 \right] I\downarrow + 7I^- + 3H_2O$$

（棕黄色或棕红色）

为了防止 Fe^{3+}、Co^{2+}、Ni^{2+}、Cr^{3+} 等的干扰，应采用气室法进行鉴定。

操作：取表面皿两块，在一块表面皿中加试液 2 滴及 6mol·L^{-1} NaOH 溶液 5 滴。在另一块表面皿中贴上用奈斯勒试剂润湿过的滤纸条，立即盖于前一表面皿上做成气室。于水浴上加热，若纸条变为棕色，则表示 NH$_4^+$ 存在。

2. K$^+$

K$^+$ 与 Na$_3$[Co(NO$_2$)$_6$] 作用生成亮黄色沉淀。

$$2K^+ + Na^+ + [Co(NO_2)_6]^{3-} \longrightarrow K_2Na[Co(NO_2)_6]\downarrow$$

（亮黄色）

酸和碱均能使 [Co(NO$_2$)$_6$]$^{3-}$ 分解

$$[Co(NO_2)_6]^{3-} + 6H^+ \longrightarrow Co^{3+} + 3NO\uparrow + 3NO_2\uparrow + 3H_2O$$

$$[Co(NO_2)_6]^{3-} + 3OH^- \longrightarrow Co(OH)_3\downarrow + 6NO_2^-$$

---

❶ 先取水样，用 pH 试纸测定其 pH，pH 应接近 7。若 pH 小，说明阴离子交换不充分；若 pH 大，说明阳离子交换不充分。

因此，鉴定时应将试液调至中性或微酸性。同时也要防止 NH_4^+、Fe^{3+}、Co^{2+}、Ni^{2+}、Cu^{2+} 等的干扰。

操作：取 3～4 滴试液于离心试管中，加入 $0.1mol \cdot L^{-1} Na_2CO_3$ 溶液 5～10 滴，微热，使其中有色离子沉淀，离心分离。将所得清液用 $6mol \cdot L^{-1} HAc$ 溶液酸化，加入 $0.1mol \cdot L^{-1} Na_3[Co(NO_2)_6]$ 2 滴，有黄色沉淀析出表示 K^+ 存在。

3. Na^+

Na^+ 在中性或微酸性溶液中与醋酸铀酰锌作用生成淡黄色晶状醋酸铀酰锌钠沉淀。

$$Na^+ + Zn^{2+} + 3UO_2^{2+} + 8Ac^- + HAc + 9H_2O \longrightarrow NaAc \cdot ZnAc_2 \cdot 3UO_2Ac_2 \cdot 9H_2O \downarrow + H^+$$

可加入 EDTA 溶液排除其他金属离子的干扰。

操作：取 3～5 滴试液于试管中，用 $6mol \cdot L^{-1} NH_3 \cdot H_2O$ 中和至碱性，再以 $6mol \cdot L^{-1} HAc$ 溶液酸化，加饱和 EDTA 溶液 3 滴和饱和醋酸铀酰锌溶液 6～8 滴，搅拌后静置，有淡黄晶型沉淀生成表示 Na^+ 存在。

4. Mg^{2+}

Mg^{2+} 在碱性溶液中形成 $Mg(OH)_2$ 沉淀，被镁试剂（对硝基苯偶氮间苯二酚）吸附后呈天蓝色。可用 EDTA 溶液掩蔽其他金属离子（防止生成深色氢氧化物沉淀）而排除干扰。

操作：取试液 0.5mL 于试管中，加入 1mL 饱和 EDTA 溶液，振荡，用 $6mol \cdot L^{-1} NaOH$ 溶液调至碱性，加入镁试剂 0.5mL，出现天蓝色沉淀表示 Mg^{2+} 存在。

5. Ca^{2+}

Ca^{2+} 与 $(NH_4)_2C_2O_4$ 作用生成白色沉淀。

$$Ca^{2+} + C_2O_4^{2-} \longrightarrow CaC_2O_4 \downarrow$$
$$（白色）$$

CaC_2O_4 溶于盐酸、HNO_3 和过量 H_2SO_4，但不溶于 HAc。Ba^{2+}、Sr^{2+} 与 $C_2O_4^{2-}$ 作用也能生成类似的白色沉淀而干扰鉴定，可预先加入过量 H_2SO_4 分离。

操作：取试液 0.5mL 于离心试管中，加入 $6mol \cdot L^{-1} H_2SO_4$ 溶液 0.5mL，离心分离。取上层清液于试管中，以 $6mol \cdot L^{-1} NaOH$ 溶液调至近中性，加入 1mL $2mol \cdot L^{-1} HAc$ 溶液，滴加饱和 $(NH_4)_2C_2O_4$ 溶液，产生白色沉淀表示 Ca^{2+} 存在。

另可取试液用盐酸酸化后于无色火焰中灼烧，用产生砖红色火焰进一步确证 Ca^{2+} 的存在。

6. Ba^{2+}

Ba^{2+} 可与 K_2CrO_4 作用生成黄色沉淀。

$$Ba^{2+} + CrO_4^{2-} \longrightarrow BaCrO_4 \downarrow$$
$$（黄色）$$

沉淀不溶于 HAc，可溶于盐酸。试液中若存在 Pb^{2+}、Hg^{2+}、Ag^+ 等，也可与 K_2CrO_4 作用生成不溶于 HAc 的有色沉淀而干扰鉴定，可利用锌将其还原除去。

操作：取试液 5 滴于离心试管中，加浓的新鲜 $NH_3 \cdot H_2O$ 中和至碱性，加入少许锌粉后于沸水浴中加热并搅拌 2min，离心分离。取上层清液于试管中，用 $6mol \cdot L^{-1}$

HAc 酸化，滴加 2mol·L⁻¹ K₂CrO₄ 溶液 5 滴，振荡，于沸水浴中加热，产生黄色沉淀表示 Ba²⁺ 存在。

7. Sn²⁺

Sn²⁺ 可与 HgCl₂ 溶液作用生成 Hg₂Cl₂ 白色沉淀。

$$2HgCl_2 + SnCl_2 \longrightarrow Hg_2Cl_2 \downarrow + SnCl_4$$
$$（白色）$$

加入铁粉，可使许多电极电势较大的电对中的金属离子还原而消除干扰。

操作：取试液 5 滴于离心试管中，加 6mol·L⁻¹ HCl 溶液 5 滴，加入铁粉少许，于水浴中加热，至不再产生气泡，离心分离。取上层清液于试管中，滴加 2mol·L⁻¹ HgCl₂ 溶液，产生白色丝状沉淀表示 Sn²⁺ 存在。

8. Pb²⁺

在 HAc 性溶液中 Pb²⁺ 可与 K₂CrO₄ 作用生成黄色的沉淀。

$$Pb^{2+} + CrO_4^{2-} \longrightarrow PbCrO_4 \downarrow$$
$$（黄色）$$

Ba²⁺、Bi³⁺、Hg²⁺、Ag⁺ 等也可发生类似反应生成有色沉淀而干扰鉴定，可在试液中先加入 H₂SO₄ 溶液，使它们均形成沉淀，再利用 NaOH 溶液溶解 PbSO₄ 而与其他难溶硫酸盐分离。

操作：取试液 5 滴于离心试管中，加 10 滴 2mol·L⁻¹ H₂SO₄ 溶液，加热搅拌 2～5min，离心分离。弃去清液，于沉淀中加入 2mol·L⁻¹ NaOH 溶液 10 滴，加热搅拌 1min，离心分离。

$$PbSO_4 + 3OH^- \longrightarrow Pb(OH)_3^- + SO_4^{2-}$$

取上层清液用 6mol·L⁻¹ HAc 酸化，滴加 2mol·L⁻¹ K₂CrO₄ 溶液，产生黄色沉淀表示 Pb²⁺ 存在。

9. Cr³⁺

Cr³⁺ 在碱性溶液中可被 H₂O₂ 氧化成 CrO₄²⁻ 而显黄色得到证实，同时还可再加入 Pb²⁺ 生成黄色沉淀进一步证实。

操作：取试液 0.5mL 于试管中，加入 2mol·L⁻¹ NaOH 溶液 1mL，再加入 0.5mL 3% H₂O₂ 溶液，于水浴中加热，可见溶液呈黄色。溶液用 6mol·L⁻¹ HAc 溶液酸化后，滴加 2mol·L⁻¹ Pb(NO₃)₂ 溶液，产生黄色沉淀表示 Cr³⁺ 存在。

10. Mn²⁺

Mn²⁺ 在强酸性溶液中可被 NaBiO₃ 氧化成紫红色的 MnO₄⁻。

$$2Mn^{2+} + 5NaBiO_3 + 14H^+ \longrightarrow 2MnO_4^- + 5Bi^{3+} + 5Na^+ + 7H_2O$$

该鉴定特效性很好，阳离子均无干扰。具有还原性的 X⁻ 对鉴定有干扰，故不能在盐酸性介质中进行鉴定。

操作：取试液 5 滴于离心试管中，加入 6mol·L⁻¹ HNO₃ 5 滴酸化，加入绿豆大小 NaBiO₃ 固体，搅拌，离心沉降。清液呈现紫红色表示 Mn²⁺ 存在。

11. Fe²⁺

Fe^{2+} 与赤血盐（$K_3[Fe(CN)_6]$）溶液作用生成滕氏蓝沉淀。

$$3Fe^{2+} + 2[Fe(CN)_6]^{3-} \longrightarrow Fe_3[Fe(CN)_6]_2 \downarrow$$
$$\text{（蓝色）}$$

该鉴定的灵敏度、选择性都很好。

操作：取试液 5 滴于试管中，用 $2mol \cdot L^{-1}$ HCl 溶液 5 滴酸化，滴入 $0.1mol \cdot L^{-1} K_3[Fe(CN)_6]$ 溶液，出现蓝色沉淀表示 Fe^{2+} 存在。

12. Fe^{3+}

Fe^{3+} 与黄血盐（$K_4[Fe(CN)_6]$）溶液作用生成普鲁士蓝沉淀。

$$4Fe^{3+} + 3[Fe(CN)_6]^{4-} \longrightarrow Fe_4[Fe(CN)_6]_3 \downarrow$$
$$\text{（蓝色）}$$

该鉴定灵敏度、选择性都好。

操作：取试液 5 滴于试管中，用 $2mol \cdot L^{-1}$ HCl 溶液 5 滴酸化，滴入 $0.1mol \cdot L^{-1} K_4[Fe(CN)_6]$ 溶液，出现蓝色沉淀证明 Fe^{3+} 存在。

Fe^{3+} 与 KSCN 溶液作用出现血红色，也是鉴定 Fe^{3+} 的经典方法。

$$Fe^{3+} + nSCN^- \longrightarrow [Fe(SCN)_n]^{3-n} \quad (n \leqslant 6)$$
$$\text{（血红色）}$$

该鉴定灵敏度高，无干扰。

操作：取试液 5 滴于试管中，用 $2mol \cdot L^{-1}$ HCl 溶液 2 滴酸化，滴加 $0.1mol \cdot L^{-1}$ KSCN 溶液，出现血红色证明 Fe^{3+} 的存在。

13. Co^{2+}

Co^{2+} 与 KSCN 溶液作用生成蓝色配离子在丙酮（或戊醇）中稳定。

$$Co^{2+} + 4SCN^- \longrightarrow [Co(SCN)_4]^{2-}$$
$$\text{（蓝色）}$$

Fe^{3+} 存在对鉴定有干扰，可先加入 NaF 溶液将 Fe^{3+} 掩蔽。

操作：取试液 0.5mL 于试管中，加入丙酮（或戊醇）1mL，再加入约绿豆大小的 KSCN 晶体，振荡。有机相中出现鲜艳的蓝色表示 Co^{2+} 存在。

14. Ni^{2+}

Ni^{2+} 在弱碱性溶液中可与丁二酮肟生成鲜红色的螯合物沉淀。这是鉴定 Ni^{2+} 的特征反应，故丁二酮肟又叫镍试剂。

丁二酮肟　　　　　　丁二酮肟合镍
（红色）

操作：取试液 0.5mL 于试管中，滴入 $2mol \cdot L^{-1} NH_3 \cdot H_2O$ 10 滴，再滴加 1‰ 丁二酮肟溶液，产生红色沉淀证明 Ni^{2+} 存在。

15. Cu^{2+}

Cu^{2+} 与黄血盐（$K_4[Fe(CN)_6]$）溶液作用生成红褐色沉淀。

$$2Cu^{2+}+[Fe(CN)_6]^{4-}\longrightarrow Cu_2[Fe(CN)_6]\downarrow$$
$$（红褐色）$$

该鉴定灵敏度高，除 Fe^{3+} 会作用生成蓝色沉淀有干扰外，其他离子对鉴定的干扰均不大。若试液中已检验出 Fe^{3+}，应先将其除去。其方法是加入 $NH_3\cdot H_2O$ 和 NH_4Cl，使 Fe^{3+} 以 $Fe(OH)_3$ 的形式沉淀，而 Cu^{2+} 则与 NH_3 形成 $Cu(NH_3)_4^{2+}$ 存在于溶液中，再用盐酸酸化。

操作：取试液 2 滴于试管中，滴加 $0.1mol\cdot L^{-1}$ $K_4[Fe(CN)_6]$溶液，产生红褐色沉淀证明 Cu^{2+} 存在。

16. Ag^+

Ag^+ 与 Cl^- 作用生成白色沉淀。

$$Ag^++Cl^-\longrightarrow AgCl\downarrow$$
$$（白色）$$

该沉淀易溶于 $NH_3\cdot H_2O$，利用该性质使其与其他氯化物沉淀分离。

$$AgCl+2NH_3\longrightarrow [Ag(NH_3)_2]^++Cl^-$$

将所得溶液与 KI 溶液反应，生成黄色沉淀。

$$[Ag(NH_3)_2]^++I^-\longrightarrow AgI\downarrow+2NH_3$$
$$（黄色）$$

操作：取试液 5 滴于离心试管中，加入 $2mol\cdot L^{-1}$ HCl 溶液 5 滴，置水浴加热片刻令沉淀凝聚，离心分离。弃去清液，沉淀用热水洗涤 1～2 次后，加入 $6mol\cdot L^{-1}$ $NH_3\cdot H_2O$ 1mL（此时若还有沉淀，则离心分离，弃去沉淀），取其清液，滴加 $0.1mol\cdot L^{-1}$ KI 溶液，产生黄色沉淀证明 Ag^+ 存在。

17. Hg^{2+}

Hg^{2+} 可被 Sn^{2+} 逐步还原，最后被还原为金属汞，首先产生白色沉淀，然后变为灰色沉淀。

$$2HgCl_2+SnCl_2\longrightarrow Hg_2Cl_2\downarrow+SnCl_4$$
$$（白色）$$
$$Hg_2Cl_2+SnCl_2\longrightarrow 2Hg\downarrow+SnCl_4$$
$$（灰色）$$

操作：取试液 5 滴于试管中，逐滴加入 $0.1mol\cdot L^{-1}$ $SnCl_2$ 溶液，生成的白色沉淀逐渐转变为灰色沉淀证明有 Hg^{2+} 存在。

18. NO_3^-

NO_3^- 在浓硫酸中与 Fe^{2+} 作用生成棕色的亚硝基亚铁配离子，因使用的是 $FeSO_4$ 晶体，反应在晶体边缘形成环状的棕色聚合物，故称棕色环法。

$$NO_3^-+3Fe^{2+}+4H^+\longrightarrow 3Fe^{3+}+2H_2O+NO\uparrow$$
$$NO+FeSO_4\longrightarrow [Fe(NO)]SO_4$$
$$（棕色）$$

NO_2^- 因具有类似反应而有干扰，可用铵盐或尿素将 NO_2^- 分解掉以消除干扰。

$$NH_4^+ + NO_2^- \longrightarrow 2H_2O + N_2 \uparrow$$

$$2NO_2^- + CO(NH_2)_2 + 2H^+ \longrightarrow 3H_2O + CO_2 \uparrow + 2N_2 \uparrow$$

操作：取试液 5 滴于试管中，加入约绿豆大小的 NH_4Cl 晶体，振荡，微热以分解 NO_2^-。然后再加入 $FeSO_4$ 晶体，振荡，使试管中尚存有少量未溶晶体，将试管倾斜成 45°左右，沿试管壁慢慢滴入浓硫酸 10 滴，不要摇动试管，让 H_2SO_4 与试液分为上下两层。界面若形成棕色环则证明 NO_3^- 存在。

19. NO_2^-

NO_2^- 在酸性条件下可与 KI 作用生成 I_2

$$2NO_2^- + 2I^- + 4H^+ \longrightarrow I_2 + 2H_2O + 2NO \uparrow$$

借助淀粉指示剂或利用 CCl_4 萃取，可观察到 I_2 的存在。

操作：取试液 10 滴于试管中，加入 $1\sim2$ 滴 2%淀粉溶液，再加入 $0.1mol \cdot L^{-1}$ KI 溶液和 $2mol \cdot L^{-1} H_2SO_4$ 溶液各 10 滴，若溶液变蓝则表示 NO_2^- 存在。

20. PO_4^{3-}

在酸性条件下，PO_4^{3-} 与 $(NH_4)_2MoO_4$ 共热，生成黄色沉淀。

$$PO_4^{3-} + 3NH_4^+ + 12MoO_4^{2-} + 24H^+ \longrightarrow (NH_4)_3PO_4 \cdot 12MoO_3 \cdot 6H_2O \downarrow + 6H_2O$$
$$\text{（黄色）}$$

SiO_3^{2-} 也有类似反应，可加酒石酸钠排除干扰。

操作：取试液 5 滴于试管中，加入 $6mol \cdot L^{-1} HNO_3$ 溶液 $10\sim15$ 滴，加热。加入 20%酒石酸钠 5 滴，和 $0.1mol \cdot L^{-1}$ $(NH_4)_2MoO_4$ 溶液 1mL，在 60℃左右时保温数分钟。析出黄色沉淀证明 PO_4^{3-} 存在。

21. S^{2-}

S^{2-} 与稀硫酸或盐酸作用，产生腐臭鸡蛋味的 H_2S 气体。

$$S^{2-} + 2H^+ \longrightarrow H_2S \uparrow$$

逸出的 H_2S 气体遇湿润的醋酸铅试纸变黑。

$$H_2S + PbAc_2 \longrightarrow PbS \downarrow + 2HAc$$
$$\text{（黑色）}$$

操作：在一块表面皿中加入试液 5 滴和 $2mol \cdot L^{-1} H_2SO_4$ 溶液 5 滴。在另一块表面皿中粘上一条用 $PbAc_2$ 溶液浸湿的滤纸，迅速扣在前一块表面皿上，于水浴上温热，醋酸铅试纸变黑表示 S^{2-} 存在。

22. SO_4^{2-}

SO_4^{2-} 与 Ba^{2+} 作用可生成难溶于强酸的白色沉淀。

$$SO_4^{2-} + Ba^{2+} \longrightarrow BaSO_4 \downarrow$$
$$\text{（白色）}$$

用盐酸酸化试液，可除去与 Cl^- 作用产生白色沉淀的 Ag^+、Hg_2^{2+}、Pb^{2+} 的干扰。

操作：取试液 5 滴于离心试管中，加入 10 滴 $6mol \cdot L^{-1}$ HCl 溶液，如有沉淀产生则进行离心分离。于清液中滴入 $0.1mol \cdot L^{-1}$ $BaCl_2$ 溶液。若产生白色沉淀则表示 SO_4^{2-} 存在。

23. SO_3^{2-}

SO_3^{2-} 用强酸分解可产生 SO_2。

$$SO_3^{2-} + 2H^+ \longrightarrow SO_2 \uparrow + H_2O$$

利用 SO_2 的还原性可以检查它的存在。如 SO_2 可以使 $KMnO_4$ 溶液褪色。

$$2MnO_4^- + 5SO_2 + 2H_2O \longrightarrow 2Mn^{2+} + 5SO_4^{2-} + 4H^+$$

操作：取 2mL 试液置于具塞并带有导管的试管中，加入 $6mol \cdot L^{-1}$ HCl 溶液 2mL，将导管出口一端插入已装有 2mL $0.01mol \cdot L^{-1}$ $KMnO_4$ 酸性溶液的另一试管的溶液中，若 $KMnO_4$ 的紫色消失则证明 SO_3^{2-} 存在。

24. $S_2O_3^{2-}$

$S_2O_3^{2-}$ 与 Ag^+ 反应可生成白色沉淀

$$2Ag^+ + S_2O_3^{2-} \longrightarrow Ag_2S_2O_3 \downarrow$$
$$（白色）$$

$Ag_2S_2O_3$ 能迅速分解，产生黑色的 Ag_2S 沉淀。

$$Ag_2S_2O_3 + H_2O \longrightarrow H_2SO_4 + Ag_2S \downarrow$$
$$（黑色）$$

于是使整个体系的颜色由白色变为黄色、棕色、最后变为黑色。但是必须注意的是 $Ag_2S_2O_3$ 可溶于过量的 $S_2O_3^{2-}$ 溶液中形成可溶性的配合物。

$$Ag_2S_2O_3 + 3S_2O_3^{2-} \longrightarrow 2[Ag(S_2O_3)_2]^{3-}$$

因此应适当少取试液同时加入过量 Ag^+ 溶液。

操作：取 3～5 滴试液于试管中，迅速滴入 $0.1mol \cdot L^{-1}$ $AgNO_3$ 溶液 10 滴。若观察到白色沉淀，并逐渐变为黄色、棕色，最后变为黑色，则证明 $S_2O_3^{2-}$ 存在。

25. Cl^-

Cl^- 可与 Ag^+ 作用生成白色沉淀

$$Cl^- + Ag^+ \longrightarrow AgCl \downarrow$$

该白色沉淀可溶于 $NH_3 \cdot H_2O$，又可用 HNO_3 酸化重新析出白色沉淀。

$$AgCl + 2NH_3 \longrightarrow [Ag(NH_3)_2]^+ + Cl^-$$
$$[Ag(NH_3)_2]^+ + Cl^- + 2H^+ \longrightarrow AgCl \downarrow + 2NH_4^+$$

操作：取试液 5 滴于试管中，滴入 $0.1mol \cdot L^{-1}$ $AgNO_3$ 溶液，若产生白色沉淀，则滴入 $6mol \cdot L^{-1}$ $NH_3 \cdot H_2O$ 至沉淀刚好溶解，再滴入 $6mol \cdot L^{-1}$ HNO_3 溶液，若重新出现白色沉淀，则证明 Cl^- 存在。

26. Br^-

Br^- 可被氯水氧化成 Br_2。

$$2Br^- + Cl_2 \longrightarrow Br_2 + 2Cl^-$$

Br_2 可被 CCl_4 萃取显示 Br_2 的红棕色。

操作：取试液 5 滴于试管中，加入 5 滴 CCl_4，然后滴加氯水，振荡。若 CCl_4 层中出现红棕色则证明 Br^- 存在。

27. I^-

I^- 易被氧化剂（如氯水）氧化成 I_2。

$$Cl_2 + 2I^- \longrightarrow 2Cl^- + I_2$$

I_2 被 CCl_4 萃取而显示出 I_2 的紫红色。

操作：取试液 5 滴于试管中，加入 5 滴 CCl_4，然后滴加氯水，振荡。若 CCl_4 层中出现紫红色则证明 I^- 存在。

 课外实验

日常生活中的化学实验

在我们日常生活中，经常要与化学试验打交道，会碰到不少要通过化学试验来解决的问题。现举几例如下。

Ⅰ. 指纹检查

一、仪器和药品

试管（短粗）　橡皮塞　酒精灯　剪刀　白纸　碘

二、操作过程及现象

取一张干净光滑的白纸，剪成长约 4cm 宽以能放入试管为度的纸条，令人（或自己）将手洗干净（若皮肤过于干燥，可用少许凡士林稍擦拭一下或摩擦几下头皮）后在纸条上用力按几个手印。取芝麻粒大小的碘放入试管中，将纸条悬于试管中（不落入试管底部，按手印的一面不要贴在试管壁上），塞上橡皮塞。将试管在酒精灯上微热，产生碘蒸气后立即停止加热，稍过一会。取出纸条，可观察到纸条上的指纹印迹。

三、实验原理及现象说明

碘在常温下即能升华。指纹是由手指上的油脂等分泌物组成。碘受热升华的碘蒸气能溶解在形成指纹的油脂等分泌物中，形成棕色的指纹印迹。

碘熏显现指纹适用于白纸、浅色纸、塑料、本色木板、白色墙壁、竹器等，因此而用于公安刑侦工作中。

四、注意事项

实验中加热不宜太猛，否则可能使纸面上聚集的碘量太大，看不清指纹。为保证实验成功，取碘不宜多，同时也可以采用水浴加热代替酒精灯加热。

碘易挥发且有毒，除要密封保存外，使用时应杜绝接触皮肤，实验后及时清除掉剩余的碘。

Ⅱ. 饮酒测试

一、仪器和药品

塑料吸管　试管　H_2SO_4（$3mol \cdot L^{-1}$）　$K_2Cr_2O_7$（$0.1mol \cdot L^{-1}$）

二、操作过程及现象

在试管中加入 2mL $3mol \cdot L^{-1}$ H_2SO_4 溶液和 3～5 滴 $0.1mol \cdot L^{-1}$ $K_2Cr_2O_7$ 溶液，摇匀。令试验者将塑料吸管插入试管底部，徐徐吹气。若是刚饮过酒的人，可见试管内溶液由橙色变为绿色，饮酒量越多，变色越快。

三、实验原理及现象说明

酒的主要成分是乙醇（俗称酒精），过量饮用可以麻醉神经。因此，交通管理部门严格规定，驾驶员饮酒后禁止开车，以防发生交通事故。

酒精是一种还原性物质，而 $K_2Cr_2O_7$ 是一种很强的氧化剂，特别是在酸性介质中。当饮酒者呼出的含有酒精的气体在试管中与酸性 $K_2Cr_2O_7$ 溶液反应被氧化成乙醛，而橙色 $Cr_2O_7^{2-}$ 被还原成绿色的 Cr^{3+}，反应方程式如下

$$K_2Cr_2O_7 + 3C_2H_5OH + 4H_2SO_4 \longrightarrow Cr_2(SO_4)_3 + 3CH_3CHO + K_2SO_4 + 7H_2O$$

（橙色）　　　乙醇　　　　　　　　　　（绿色）　　　　乙醛

四、注意事项

试验者在向试管内溶液中吹气时，一定要注意不要将溶液吸入口中，否则酸性 $K_2Cr_2O_7$ 溶液会对口腔造成伤害。为防止上述意外发生，可将 CrO_3 用胶水粘于白纸上（在干净的白纸上涂上一层薄薄的胶水，再用干毛刷将研细的 CrO_3 粉末均匀地洒在上面，再将白纸剪成小条），做成测试卡。试验者是否饮酒，只要对着"测试卡"吹气就可一目了然，反应方程式如下

$$2CrO_3 + 3C_2H_5OH \longrightarrow Cr_2O_3 + 3CH_3CHO + 3H_2O$$

（棕红色）　乙醇　　　　（暗绿色）　　　乙醛

若"测试卡"由棕红色转变为暗绿色，就说明试验者刚饮过酒。

Ⅲ. 吸烟测试

一、仪器和药品

小烧杯　纯净水　HCl（$1mol \cdot L^{-1}$）　$FeCl_3$（$1mol \cdot L^{-1}$）

二、操作过程及现象

令试验者将约 20mL 纯净水含在口中，咕漱后吐进小烧杯中，往烧杯中加入 1mL $1mol \cdot L^{-1}$ HCl 溶液和 1mL $1mol \cdot L^{-1}$ $FeCl_3$ 溶液，摇动或搅拌。若溶液变为浅红色，说明试验者刚吸过烟。

三、实验原理及现象说明

吸烟者的唾液中会含有少量硫氰酸盐，硫氰酸盐与 Fe^{3+} 反应生成血红色配合物，其反应方程式为

$$Fe^{3+} + nSCN^- \longrightarrow [Fe(NCS)_n]^{3-n} \quad (n = 1 \sim 6)$$

（血红色）

现在，人们的环保意识大大增强，很多公共场所都高悬"禁止吸烟"的标志，本实验可对违禁者作出检测。

Ⅳ. 食盐中含碘的确认

一、仪器和药品

试管　KI（$0.1 \text{mol} \cdot \text{L}^{-1}$）　H_2SO_4（$2 \text{mol} \cdot \text{L}^{-1}$）　淀粉（$0.2\%$）

二、操作过程及现象

在试管中加入约黄豆大小样品食盐，加水溶解，滴入 5～10 滴 $2 \text{mol} \cdot \text{L}^{-1}$ H_2SO_4 溶液，再滴入 5 滴 0.2% 淀粉溶液和 5 滴 $0.1 \text{mol} \cdot \text{L}^{-1}$ KI 溶液，振荡试管。此时溶液若出现蓝色则表示该样品食盐中含碘，若溶液不出现蓝色则说明该样品食盐中不含碘。

三、实验原理及现象说明

市售加碘食盐中含有 KIO_3，除此之外，一般不再含有其他氧化性物质。在酸性条件下 KIO_3 与 KI 反应产生 I_2，其反应的离子方程式为

$$IO_3^- + 5I^- + 6H^+ \longrightarrow 3I_2 + 3H_2O$$

产生的 I_2 遇淀粉变蓝。若食盐中不含碘则不会发生上述反应，溶液自然不会出现蓝色。

食盐加碘是国家关心广大人民身体健康的一项伟大工程，是为了预防和治疗一种常见的地方病——甲状腺瘤而设立的。

附　　录

附录一　碱、酸和盐的溶解性表（20℃）

阴离子 阳离子	OH^-	NO_3^-	Cl^-	SO_4^{2-}	S^{2-}	SO_3^{2-}	CO_3^{2-}	SiO_3^{2-}	PO_4^{3-}
H^+		溶、挥	溶、挥	溶	溶、挥	溶、挥	溶、挥	微	溶
NH_4^+	溶、挥	溶	溶	溶	溶	溶	溶	溶	溶
K^+	溶	溶	溶	溶	溶	溶	溶	溶	溶
Na^+	溶	溶	溶	溶	溶	溶	溶	溶	溶
Ba^{2+}	溶	溶	溶	不	—	不	不	不	不
Ca^{2+}	微	溶	溶	微	—	不	不	不	不
Mg^{2+}	不	溶	溶	溶	—	微	微	不	不
Al^{3+}	不	溶	溶	溶	—	—	—	不	不
Mn^{2+}	不	溶	溶	溶	不	不	不	—	不
Zn^{2+}	不	溶	溶	溶	不	不	不	不	不
Cr^{3+}	不	溶	溶	溶	—	—	—	不	不
Fe^{2+}	不	溶	溶	溶	不	不	不	—	不
Fe^{3+}	不	溶	溶	溶	—	—	—	不	不
Sn^{2+}	不	溶	溶	溶	不	—	—	—	不
Pb^{2+}	不	溶	微	不	不	不	不	不	不
Bi^{3+}	不	溶	—	不	不	—	—	—	不
Cu^{2+}	不	溶	溶	溶	不	—	—	—	不
Hg^+	—	溶	不	微	不	—	不	—	不
Hg^{2+}	—	溶	溶	溶	不	—	—	—	不
Ag^{2+}	—	溶	不	微	不	不	不	—	不

注："溶"表示那种物质可溶于水，"不"表示不溶于水，"微"表示微溶于水，"挥"表示挥发性，"—"表示那种物质不存在或遇到水就分解了。

附录二　强酸、强碱、氨水的质量分数与相对密度、浓度的关系

质量 分数 /%	H_2SO_4		HNO_3		HCl		KOH		$NaOH$		$NH_3 \cdot H_2O$	
	相对 密度	$c/(mol \cdot L^{-1})$	相对 密度	$c/(mol \cdot L^{-1})$	相对 密度	$c/(mol \cdot L^{-1})$	相对 密度	$c/(mol \cdot L^{-1})$	相对 密度	$c/(mol \cdot L^{-1})$	相对 密度	$c/(mol \cdot L^{-1})$
2	1.013		1.011		1.009		1.016		1.023		0.992	
4	1.027		1.022		1.019		1.033		1.046		0.983	
6	1.040		1.033		1.029		1.048		1.069		0.973	
8	1.055		1.044		1.039		1.065		1.092		0.967	
10	1.069	1.1	1.056	1.7	1.049	2.9	1.082	1.9	1.115	2.8	0.960	5.6

续表

质量分数/%	H₂SO₄ 相对密度	c/(mol·L⁻¹)	HNO₃ 相对密度	c/(mol·L⁻¹)	HCl 相对密度	c/(mol·L⁻¹)	KOH 相对密度	c/(mol·L⁻¹)	NaOH 相对密度	c/(mol·L⁻¹)	NH₃·H₂O 相对密度	c/(mol·L⁻¹)
12	1.083		1.068		1.059		1.100		1.137		0.953	
14	1.098		1.080		1.069		1.118		1.159		0.946	
16	1.112		1.093		1.079		1.137		1.181		0.939	
18	1.127		1.106		1.089		1.156		1.213		0.932	
20	1.143	2.3	1.119	3.6	1.100	6	1.176	4.2	1.225	6.1	0.926	10.9
22	1.158		1.132		1.110		1.196		1.247		0.919	
24	1.178		1.145		1.121		1.217		1.268		0.913	12.9
26	1.190		1.158		1.132		1.240		1.289		0.908	13.9
28	1.205		1.171		1.142		1.263		1.310		0.903	
30	1.224	3.7	1.184	5.6	1.152	9.5	1.268	6.8	1.332	10	0.898	15.8
32	1.238		1.198		1.163		1.310		1.352		0.893	
34	1.255		1.211		1.173		1.334		1.374		0.889	
36	1.273		1.225		1.183	11.7	1.358		1.395		0.884	18.7
38	1.290		1.238		1.194	12.4	1.384		1.416			
40	1.307	5.3	1.251	7.9			1.411	10.1	1.437	14.4		
42	1.324		1.264				1.437		1.458			
44	1.342		1.277				1.460		1.478			
46	1.361		1.290				1.485		1.499			
48	1.380		1.303				1.511		1.519			
50	1.399	7.1	1.316	10.4			1.538	13.7	1.540	19.3		
52	1.419		1.328				1.564		1.560			
54	1.439		1.340				1.590		1.580			
56	1.460		1.351				1.616	16.1	1.601			
58	1.482		1.362						1.622			
60	1.503	9.2	1.373	13.3					1.643	24.6		
62	1.525		1.384									
64	1.547		1.394									
66	1.571		1.403	14.6								
68	1.594		1.412	15.2								
70	1.617	11.6	1.421	15.8								
72	1.640		1.429									
74	1.664		1.437									
76	1.687		1.445									
78	1.710		1.453									
80	1.732		1.460	18.5								
82	1.755		1.467									
84	1.776		1.474									
86	1.793		1.480									
88	1.808		1.486									
90	1.819	16.7	1.491	23.1								
92	1.830		1.496									
94	1.837		1.500									
96	1.840		1.504									
98	1.841	18.4	1.510									
100	1.838		1.522	24								

注：表中物质的量浓度（c）与相对密度（ρ）、质量分数（w）、摩尔质量（M）之间的关系式为

$$c=\frac{\rho \times w \times 1000}{M}$$

附录三　无机实验中常见的毒物

物质名称	化学式	对人体的危害
一氧化碳	CO	吸入后中毒；甚至造成化学窒息。尽管及时处理，亦多半有较大残留危害
一氧化氮	NO	吸入后引起刺激、中毒，接触眼睛和皮肤后，若作迅速处理，可能有较小残留危害。吸入中毒后尽管迅速处理，亦多半有较大残留危害。慢性中毒
二氧化钛	TiO_2	吸入粉尘对人体有害
二氧化氮	NO_2	同一氧化氮
二硫化碳	CS_2	吸入、接触眼睛、口服，都能引起慢性中毒
二氧化硫	SO_2	有强烈的刺激作用，吸入、接触眼睛及皮肤都可能引起残留危害。吸入量大时，使喉头水肿，以致窒息死亡
三氧化二氮	N_2O_3	吸入、接触眼睛或皮肤，都有高度的毒性
三氧化二砷	As_2O_3	有剧烈的毒性，吸入后引起中毒
三氧化铬	CrO_3	吸入后对鼻、咽、肺刺激并中毒。接触眼睛或皮肤，多半留下残留危害
氯化铝	$AlCl_3$	对眼、鼻、咽都有刺激作用
三氯化磷	PCl_3	吸入有刺激作用
三氯化锑	$SbCl_3$	在潮湿空气中产生 HCl，吸入引起中毒，对眼睛有刺激作用
氟化硼	BF_3	刺激呼吸道，吸入中毒，接触眼睛或皮肤可有较大残留危害
四氧化二氮	N_2O_4	吸入引起慢性中毒
氢化铝锂	$LiAlH_4$	有高度腐蚀性
四氟化硅	SiF_4	吸入有高度刺激性和毒性，对眼损伤严重
四氯化钛	$TiCl_4$	吸入或接触眼睛，都能引起较强的中毒和较大的残留危害
四氯化碳	CCl_4	吸入引起慢性中毒。能使小白鼠致癌
四硼酸钠	$Na_2B_4O_7$	吸入、接触眼睛、由皮肤渗入都能引起急性中毒
五氧化二磷	P_2O_5	有腐蚀性和刺激性
五氧化二钒	V_2O_5	吸入粉尘有刺激性
五氯化磷	PCl_5	吸入、接触眼或皮肤，都有刺激性
钼化合物（无机）		吸入后引起中毒
锡化合物（无机）		吸入后引起中毒
亚硝酸钠	$NaNO_2$	口服后中毒
亚砷酸钠	Na_3AsO_3	剧毒！口服后中毒
红磷	P_4	吸入、接触眼和皮肤都可引起慢性中毒
过氧化钠	Na_2O_2	口服有害，吸入有毒
过氧化钾	K_2O_2	吸入、接触眼均有毒
重铬酸钾	$K_2Cr_2O_7$	吸入、接触眼或皮肤造成腐蚀性毒害，可使受伤皮肤溃疡
臭氧	O_3	吸入有刺激性、中毒
氢氟酸	HF	剧毒！接触眼或皮肤、吸入，都能引起残留危害
氢氧化钡	$Ba(OH)_2 \cdot 8H_2O$	吸入后中毒，刺激眼、鼻、咽
氟气	F_2	有高度毒性
氟化氢	HF	有毒性和剧烈的腐蚀性，对眼睛、皮肤可引起严重的残留危害
铅	Pb	引起慢性中毒
砷化氢	AsH_3	剧毒，吸入后引起中毒。接触皮肤和黏膜后也能引起全身中毒
氯化亚铜	CuCl	吸入或口服可引起胃肠炎、肾炎和肝损伤
溴化氢	HBr	有毒，强烈腐蚀性、皮肤和黏膜
碘酸	HIO_3	对皮肤、黏膜有强腐蚀性
磷化氢	PH_3	有恶臭的剧毒气体，严重中毒者，可致死亡
氰化氢或氰化钠	HCN 或 NaCN	属最剧烈毒物，一旦中毒，即便是微量，处理稍一迟缓，往往无法挽救。蒸气，粉尘吸入微量也会严重中毒，甚至能通过皮肤渗入，引起中毒

附录四　几种常用洗液的配制及使用

1. 铬酸洗液

将 20g $K_2Cr_2O_7$ 溶于 20mL 水中，在冷却下慢慢加入 400mL 浓硫酸（98%），就配成了铬酸洗液。

用铬酸洗液清洗玻璃器皿：浸润或浸泡后，再用水冲洗。洗液要回收，多次使用，若发现变绿，即不再使用。该洗液有强烈的腐蚀性，不得与皮肤接触。

2. 氢氧化钠的乙醇溶液

溶解 120g 固体 NaOH 于 120mL 水中，用 95% 乙醇稀释至 1L。

在铬酸洗液洗涤无效时，可用该洗液清洗各种油污。由于碱对玻璃有腐蚀作用，此洗液不得与玻璃仪器长时间接触。

3. 含高锰酸钾的氢氧化钠溶液

将 4g 高锰酸钾固体溶于少量水中，加入 100mL 10% NaOH 溶液。

用此洗液清洗玻璃器皿内壁油污或其他有机物质的方法：将该洗液倒入待洗的玻璃器皿内，5～10min 后倒出，在壁的污垢处即析出一层 MnO_2。再加入适量浓盐酸，使之与 MnO_2 反应而生成氯气，则起到清除污垢的作用。

4. 硫酸亚铁的酸性溶液

含有少量 $FeSO_4$ 的稀硫酸溶液。

该洗液用于洗涤由于贮存 $KMnO_4$ 溶液而残留在玻璃器皿上的棕色污斑。

附录五　一些试剂的配制方法

试剂名称	浓度/(mol·L^{-1})	配　制　方　法
$BiCl_3$	0.1	溶解 31.6g $BiCl_3$ 于 330mL 6mol·L^{-1} HCl 中，加水稀释至 1L
$SbCl_3$	0.1	溶解 22.8g $SbCl_3$ 于 330mL 6mol·L^{-1} HCl 中，加水稀释至 1L
$SnCl_2$	0.1	溶解 22.6g $SnCl_2 \cdot 2H_2O$ 于 330mL 6mol·L^{-1} HCl 中，加水稀释至 1L。加入几粒锡，以防止氧化
$Hg(NO_3)_2$	0.1	溶解 33.4g $Hg(NO_3)_2 \cdot \frac{1}{2}H_2O$ 于 1L 0.6mol·L^{-1} HNO$_3$ 中
$Hg_2(NO_3)_2$	0.1	溶解 56.1g $Hg_2(NO_3)_2 \cdot 2H_2O$ 于 1L 0.6mol·L^{-1} HNO$_3$ 中，并加入少许汞
$(NH_4)_2CO_3$	1	将 96g 研细的 $(NH_4)_2CO_3$ 溶于 1L 2mol·L^{-1} 氨水中
$FeSO_4$	0.25	溶解 69.5g $FeSO_4 \cdot 7H_2O$ 于适量水中，加入 5mL 18mol·L^{-1} H_2SO_4，再加水稀释至 1L，放入几枚干净的小铁钉
$(NH_4)_2SO_4$	饱和	将 50g $(NH_4)_2SO_4$ 溶于 100mL 热水中，冷却后过滤
Na_2S	1	溶解 40g $Na_2S \cdot 9H_2O$ 和 40g NaOH 于水中，稀释至 1L
$(NH_4)_2S$	3	在 200mL 浓（15mol·L^{-1}）氨水中，通入 H_2S，直至不再吸收为止。然后加入 200mL 浓氨水，稀释至 1L
$K_3[Fe(CN)_6]$	0.02	取 $K_3[Fe(CN)_6]$ 0.6～1g 溶解于水中，稀释 100mL（使用时临时配制）
二乙酰二肟		溶解 10g 二乙酰二肟于 1L 95% 的酒精中
镁试剂		溶解 0.01g 镁试剂于 1L 1mol·L^{-1} NaOH 溶液中

续表

试剂名称	浓度/(mol·L^{-1})	配 制 方 法
萘氏试剂		溶解 115g HgI$_2$ 和 80g KI 于水中,稀释至 500mL,加入 500mL 6mol·L^{-1} NaOH 溶液,静置后取其清液,保存在棕色瓶中
甲基红		将 2g 甲基红溶于 1L 60％乙醇中
甲基橙		将 1g 甲基橙溶于 1L 水中
酚酞		将 1g 酚酞溶于 1L 90％乙醇中
石蕊		将 2g 石蕊溶于 50mL 水中,静置一昼夜后过滤。在滤液中加入 30mL 95％ 乙醇,再加水稀释至 100mL
氯水		在水中通入氯气直至饱和(使用时临时配制)
溴水		在水中滴入液溴至饱和
碘水	0.01	溶解 1.3g 碘和 5g KI 于尽可能少的水中,加水稀释至 1L
品红溶液	1％	将 1g 品红溶于 100mL 水中
淀粉溶液	1％	将 1g 淀粉和小量水调成糊状,倒入 100mL 沸水中,煮沸后冷却即可

附录六　电离常数表

(1) 弱酸的电离常数

弱　　　酸	电离常数($K_a^{\ominus}$)
H$_3$AlO$_3$	$K_1=6.3\times10^{-12}$
H$_3$AsO$_4$	$K_1=6.3\times10^{-3}$;$K_2=1.05\times10^{-7}$;$K_3=3.15\times10^{-12}$
H$_3$AsO$_3$	$K_1=6.0\times10^{-10}$
H$_3$BO$_3$	$K_1=5.8\times10^{-10}$
HCOOH(甲酸)	1.77×10^{-4}
CH$_3$COOH(醋酸)	1.8×10^{-5}
ClCH$_2$COOH(氯代醋酸)	1.4×10^{-3}
H$_2$C$_2$O$_4$(草酸)	$K_1=5.4\times10^{-2}$;$K_2=5.4\times10^{-5}$
H$_2$C$_4$H$_4$O$_6$(酒石酸)	$K_1=1.12\times10^{-2}$;$K_2=1.0\times10^{-4}$
H$_3$C$_6$H$_5$O$_7$(柠檬酸)	$K_1=7.4\times10^{-4}$;$K_2=1.73\times10^{-5}$;$K_3=4\times10^{-7}$
H$_2$CO$_3$	$K_1=4.2\times10^{-7}$;$K_2=5.6\times10^{-11}$
HClO	3.2×10^{-8}
HCN	6.2×10^{-10}
HCNS	1.4×10^{-11}
H$_2$CrO$_4$	$K_1=9.55$;$K_2=3.15\times10^{-7}$
HF	6.6×10^{-4}
HIO$_3$	1.7×10^{-1}
HNO$_2$	5.1×10^{-4}
H$_2$O	1.8×10^{-16}
H$_3$PO$_4$	$K_1=7.6\times10^{-3}$;$K_2=6.30\times10^{-8}$;$K_3=4.35\times10^{-13}$
H$_2$S	$K_1=5.7\times10^{-8}$;$K_2=7.10\times10^{-15}$
H$_2$SO$_3$	$K_1=1.26\times10^{-2}$;$K_2=6.3\times10^{-8}$
H$_2$S$_2$O$_3$	$K_1=2.5\times10^{-1}$;$K_2\approx10^{-1.4\sim-1.7}$
H$_4$Y(乙二胺四乙酸)	$K_1=10^{-2}$;$K_2=2.1\times10^{-3}$;$K_3=6.9\times10^{-7}$;$K_4=5.9\times10^{-11}$

(2) 弱碱的电离常数

弱　　碱	电离常数($K_b^{\ominus}$)	弱　　碱	电离常数($K_b^{\ominus}$)
NH$_3$·H$_2$O	1.8×10^{-5}	C$_6$H$_5$NH$_2$(苯胺)	4×10^{-10}
NH$_2$·NH$_2$(联氨)	$9.8\times10^{-7}(K_{b1})$	C$_5$H$_5$N(吡啶)	1.5×10^{-9}
NH$_2$OH(羟氨)	9.1×10^{-9}	(CH$_2$)$_6$N$_4$(六亚甲基四胺)	1.4×10^{-9}

附录七　溶度积常数表 $(K_{sp}^{\ominus})$

化　合　物	溶度积 $(K_{sp}^{\ominus})$	化　合　物	溶度积 $(K_{sp}^{\ominus})$
AgAc	4.4×10^{-3}	$Cu_3(PO_4)_2$	1.3×10^{-37}
AgBr	5.0×10^{-13}	$Cu_2P_2O_7$	8.3×10^{-16}
AgCl	1.8×10^{-10}	CuS	6.3×10^{-36}
Ag_2CO_3	8.1×10^{-12}	$FeCO_3$	3.2×10^{-11}
$Ag_2C_2O_4$	3.4×10^{-11}	$FeC_2O_4 \cdot 2H_2O$	3.2×10^{-7}
Ag_2CrO_4	1.1×10^{-12}	$Fe_4[Fe(CN)_6]_3$	3.3×10^{-41}
$Ag_2Cr_2O_7$	2.0×10^{-7}	$Fe(OH)_2$	8.0×10^{-16}
AgI	8.3×10^{-17}	$Fe(OH)_3$	4×10^{-38}
$AgIO_3$	3.0×10^{-8}	FeS	6.8×10^{-18}
$AgNO_2$	6.0×10^{-4}	Fe_2S_3	约 10^{-88}
AgOH	2.0×10^{-8}	Hg_2Cl_2	1.3×10^{-18}
Ag_2S	6.3×10^{-50}	Hg_2CO_3	8.9×10^{-17}
Ag_2SO_4	1.4×10^{-5}	Hg_2CrO_4	2.0×10^{-9}
Ag_2SO_3	1.5×10^{-14}	Hg_2S	1.0×10^{-47}
$Al(OH)_3$	1.3×10^{-33}	HgS(红)	4×10^{-53}
$BaCO_3$	5.1×10^{-9}	HgS(黑)	1.6×10^{-52}
BaC_2O_4	1.6×10^{-7}	Hg_2SO_4	7.4×10^{-7}
$BaCrO_4$	1.2×10^{-10}	$KHC_4H_4O_6$	3.0×10^{-4}
BaF_2	1.0×10^{-6}	$K_2NaCo(NO_2)_6 \cdot 6H_2O$	2.2×10^{-11}
$BaSO_4$	1.1×10^{-10}	K_2PtCl_6	1.1×10^{-5}
$BaSO_3$	8×10^{-7}	$MgCO_3$	3.5×10^{-8}
BiOCl	1.8×10^{-31}	$Mg(OH)_2$	1.8×10^{-11}
$Bi(OH)_3$	4×10^{-31}	$MnCO_3$	1.8×10^{-11}
$BiO(NO_3)$	2.82×10^{-3}	$Mn(OH)_2$	1.9×10^{-13}
Bi_2S_3	1×10^{-97}	MnS (无定形)	2.5×10^{-10}
$CaCO_3$	2.8×10^{-9}	（结晶）	2.5×10^{-13}
$CaC_2O_4 \cdot H_2O$	4×10^{-9}	$NiCO_3$	6.6×10^{-9}
$CaCrO_4$	7.1×10^{-4}	$Ni(OH)_2$	2.0×10^{-15}
CaF_2	2.7×10^{-11}	$NiS, \alpha-$	3.2×10^{-19}
$Ca(OH)_2$	5.5×10^{-6}	$\beta-$	1×10^{-24}
$CaSO_4$	9.1×10^{-6}	$\gamma-$	2.0×10^{-26}
$Ca_3(PO_4)_2$	2.0×10^{-29}	$PbCl_2$	1.6×10^{-5}
$CdCO_3$	5.2×10^{-12}	$PbCO_3$	7.4×10^{-14}
$CdC_2O_4 \cdot 3H_2O$	9.1×10^{-8}	$PbCrO_4$	2.8×10^{-13}
$Cd(OH)_2$	2.5×10^{-14}	PbI_2	7.1×10^{-9}
CdS	8.0×10^{-27}	PbS	8.0×10^{-28}
$CoCO_3$	1.4×10^{-13}	$PbSO_4$	1.6×10^{-8}
$Co(OH)_2$	1.6×10^{-15}	$Sn(OH)_2$	1.4×10^{-28}
$Co(OH)_3$	1.6×10^{-44}	$Sn(OH)_4$	1×10^{-56}
$CoS, \alpha-$	4×10^{-21}	SnS	1.0×10^{-25}
$\beta-$	2×10^{-25}	$SrCO_3$	1.1×10^{-10}
$Cr(OH)_3$	6.3×10^{-31}	$SrCrO_4$	2.2×10^{-5}
CuBr	5.3×10^{-9}	$SrC_2O_4 \cdot H_2O$	1.6×10^{-7}
CuCl	1.2×10^{-6}	$SrSO_4$	3.2×10^{-7}
Cu_2S	2.5×10^{-48}	$ZnCO_3$	1.4×10^{-11}
$CuCO_3$	1.4×10^{-10}	$Zn(OH)_2$	1.2×10^{-17}
$CuCrO_4$	3.6×10^{-6}	$ZnS, \alpha-$	1.6×10^{-24}
$Cu(OH)_2$	2.2×10^{-20}	$\beta-$	2.5×10^{-22}

参 考 文 献

1　董敬芳主编. 无机化学. 第 3 版. 北京：化学工业出版社，1999
2　林俊杰. 伍承樑主编. 无机化学实验. 北京：化学工业出版社，1989
3　朱永泰主编. 化学实验技术基础（Ⅰ）. 北京：化学工业出版社，1998
4　中山大学等校编. 无机化学实验. 第 2 版. 北京：高等教育出版社，1981
5　无机化学演示实验编写组. 无机化学演示实验. 北京：人民教育出版社，1980
6　江棋主编. 工科化学. 北京：化学工业出版社，2003
7　张桂珍主编. 无机化学实验. 北京：化学工业出版社，2006
8　张荣主编. 无机化学实验. 北京：化学工业出版社，2006
9　知识出版社编. 职工百科知识日读. 北京：知识出版社，1985
10　李铭岫主编. 无机化学实验. 北京：北京理工大学出版社，2002

中等职业学校规划教材

无机化学实验报告

班级＿＿＿＿＿＿＿＿＿＿

组号＿＿＿＿＿＿＿＿＿＿

姓名＿＿＿＿＿＿＿＿＿＿

化学工业出版社

·北京·

前　言

　　无机化学实验报告虽然很难用一种统一的模式表现出来，但一个不争的事实是：学生向老师报告实验情况时文字书写负担较重，老师在批改实验报告时审理文字较辛苦，双方都需耗费宝贵的时间。基于上述情况，特编写了这本实验报告，目的是想给老师和学生都带来一点方便，减轻一点负担，节约一点时间。

　　本实验报告是与相应的《无机化学实验》相配套的。

　　学生在完成实验报告时，一定要注意内容的准确和文字的精炼，如 $AgNO_3$ 溶液与 $NaCl$ 溶液作用，其现象应该是白色沉淀；加入 HNO_3 溶液后，其现象应该是无变化，这里如果说成是无现象就显得不妥当，因为白色沉淀还存在。

　　无机化学实验报告的写法，形式是多种多样的。由于编者水平有限，该实验报告的形式可能会有不合适的地方，恳请提出更好的形式和修改意见。

编者
2007 年 2 月

目　录

无机化学实验

实验一　实验准备及溶液的配制

实验日期_____

一、目的要求

1. _____。
2. _____。
3. _____。
4. _____。
5. _____。

二、领取常用实验仪器清单（注明各种仪器的规格和数量）

三、实验内容

1. 玻璃仪器的洗涤

洗净的玻璃仪器应再用_____水冲_____次，倒置洗净的玻璃仪器，器壁上不应_____，洗净的仪器不能再用_____擦拭。

洗涤玻璃仪器常用的方法是首先用毛刷就_____刷洗，若不能洗净时，可采用_____刷洗，然后用水冲洗干净。如果用上面的方法还不能洗净的玻璃仪器，则可用对有机物和油污去污能力很强的_____洗，再用水冲干净。

2. 铬酸洗液的配制

铬酸洗液是由_____和_____配制而成的。铬酸洗液可以_____使用，使用过的铬酸洗液仍应倒_____。由于铬酸洗液具有_____性、_____性和_____性，所以配制和使用时都应_____，以免发生伤害事故。

3. NaOH 溶液的配制（配制 100g 10% 溶液）

$m(\mathrm{NaOH,s})=$_____ g，$V(\mathrm{H_2O})=$_____ mL。

配制过程：_____。

4. $3\mathrm{mol \cdot L^{-1}}\,\mathrm{H_2SO_4}$ 溶液的配制（配制 100mL）

$\rho(\mathrm{H_2SO_4}\,浓)=$_____ $\mathrm{g \cdot cm^{-3}}$（密度计测定）

$c(\mathrm{H_2SO_4}\,浓)=$_____ $\mathrm{mol \cdot L^{-1}}$（查表）

$V(\mathrm{H_2SO_4}\,浓)=$_____ mL（计算）

配制过程：_____

_____ 。

5. 0.1mol·L⁻¹ CuSO₄ 溶液的配制（配 100mL）

$m(CuSO_4 \cdot 5H_2O) =$ _____ g

配制过程：_____

_____ 。

四、习题和讨论

实验二 碱金属、碱土金属、卤素及其重要化合物

实验日期＿＿＿＿＿＿

一、目的要求

1. ＿＿＿＿＿＿＿＿＿＿＿＿＿＿＿＿＿＿＿＿＿＿＿＿＿＿＿＿＿。
2. ＿＿＿＿＿＿＿＿＿＿＿＿＿＿＿＿＿＿＿＿＿＿＿＿＿＿＿＿＿。
3. ＿＿＿＿＿＿＿＿＿＿＿＿＿＿＿＿＿＿＿＿＿＿＿＿＿＿＿＿＿。
4. ＿＿＿＿＿＿＿＿＿＿＿＿＿＿＿＿＿＿＿＿＿＿＿＿＿＿＿＿＿。
5. ＿＿＿＿＿＿＿＿＿＿＿＿＿＿＿＿＿＿＿＿＿＿＿＿＿＿＿＿＿。
6. ＿＿＿＿＿＿＿＿＿＿＿＿＿＿＿＿＿＿＿＿＿＿＿＿＿＿＿＿＿。

二、实验内容

1. 钠、钾、镁的性质

（1）钠与氧的作用及 Na_2O_2 的性质　新切开的金属钠的断面为＿＿＿＿色；置于空气中的金属钠的断面逐渐变为＿＿＿＿色，反应方程式为：＿＿＿＿＿＿＿＿＿＿＿＿＿
＿＿＿＿＿＿＿＿＿＿＿＿＿＿＿＿＿＿＿＿＿＿＿＿＿＿＿＿＿＿＿＿＿

加热燃烧金属钠，其产物的颜色为＿＿＿＿色，反应方程式为：＿＿＿＿＿＿＿＿＿
＿＿＿＿＿＿＿＿＿＿＿＿＿＿＿＿＿＿＿＿＿＿＿＿＿＿＿＿＿＿＿＿＿

Na_2O_2 与水反应的方程式为：
＿＿＿＿＿＿＿＿＿＿＿＿＿＿＿＿＿＿＿＿＿＿＿＿＿＿＿＿＿＿＿＿＿
可用火柴余烬检验反应中所产生的＿＿＿＿＿，形成的水溶液加入酚酞试液呈＿＿＿＿色，显
＿＿＿＿性。

（2）金属镁的燃烧及 MgO 的性质　金属镁在空气中燃烧产生＿＿＿＿＿光，反应方程式为
＿＿＿＿＿＿＿＿＿＿＿＿＿＿＿＿＿＿＿＿＿＿＿。白色粉末状的 MgO ＿＿＿＿溶于水，易溶于
HCl 溶液，反应方程式为：＿＿＿＿＿＿＿＿＿＿＿＿＿＿＿＿＿＿＿＿＿＿＿

（3）钠、钾与水的作用　钠与事先加入酚酞的水作用，可见＿＿＿＿＿＿＿＿＿＿＿＿，溶
液显＿＿＿＿色，其反应方程式为：＿＿＿＿＿＿＿＿＿＿＿＿＿＿＿＿＿＿＿＿

钾与事先加入酚酞的水作用，可见＿＿＿＿＿＿＿＿＿＿＿＿＿，溶液显＿＿＿＿色，其反
应方程式为：＿＿＿＿＿＿＿＿＿＿＿＿＿＿＿＿＿＿＿＿

＿＿＿＿与水作用比＿＿＿＿与水作用剧烈，说明＿＿＿＿比＿＿＿＿活泼。

（4）镁与水作用

作用情况 $\begin{cases} 冷水＿＿＿＿＿＿＿＿＿＿＿＿； \\ 沸水＿＿＿＿＿＿＿＿＿＿＿＿。 \end{cases}$

反应方程式为：＿＿＿＿＿＿＿＿＿＿＿＿＿＿＿＿＿＿＿＿
钾、钠、镁的活泼性：钾＿＿＿＿钠＿＿＿＿镁。

2. 钡、钙、镁氢氧化物的生成和性质

现象（简单清晰地填于括号内）：

$BaCl_2 \xrightarrow{NaOH} ($ ＿＿＿＿ $) \xrightarrow{HCl} ($ ＿＿＿＿ $)$

$CaCl_2 \xrightarrow{NaOH} (\qquad) \xrightarrow{HCl} (\qquad)$

$MgCl_2 \xrightarrow{NaOH} (\qquad) \xrightarrow{HCl} (\qquad)$

反应式：

---

3. 钡、钙、镁的常见难溶盐的生成和性质

（1）Ba^{2+}、Ca^{2+}、Mg^{2+} 与 Na_2CO_3 溶液的反应

现象（填入括号内）：

$$
\left.\begin{array}{l} BaCl_2 \\ CaCl_2 \\ MgCl_2 \end{array}\right] \xrightarrow{Na_2CO_3} \left[\begin{array}{l} (\qquad) \\ (\qquad) \\ (\qquad) \end{array}\right. \xrightarrow{HAc} \left[\begin{array}{l} (\qquad) \\ (\qquad) \\ (\qquad) \end{array}\right.
$$

反应式：

（2）Ba^{2+}、Ca^{2+}、Mg^{2+} 与 Na_2SO_4 溶液的反应

现象（填入括号内）：

$$
\left.\begin{array}{l} BaCl_2 \\ CaCl_2 \\ MgCl_2 \end{array}\right] \xrightarrow{Na_2SO_4} \left[\begin{array}{l} (\qquad) \\ (\qquad) \\ (\qquad) \end{array}\right. \xrightarrow{HNO_3} \left[\begin{array}{l} (\qquad) \\ (\qquad) \\ (\qquad) \end{array}\right.
$$

溶解度比较：$S(BaSO_4)$ _____ $S(CaSO_4)$ _____ $S(MgSO_4)$。

反应式：

---

4. 焰色反应

盐	NaCl	KCl	$CaCl_2$	$SrCl_2$	$BaCl_2$
焰色					

5. 卤素间的置换反应

（1）KBr 溶液与氯水反应（加入 CCl_4）

现象：_____。

反应式：_____

（2）KI 溶液与氯水反应（加入 CCl_4）

现象：_____。

反应式：_____

（3）KI 溶液与溴水反应（加入淀粉溶液）

现象：_____。

反应式：_____

氧化性比较：Cl_2 _____ Br_2 _____ I_2。

6. 卤离子的还原性

（1）KI 晶体与浓硫酸反应

现象：_____。

反应式：_____

_____

（2）KBr 晶体与浓硫酸反应

现象：_____ 。

反应式：_____

_____

（3）NaCl 晶体与浓硫酸反应

现象：_____ 。

反应式：_____

_____

还原性比较：I^- _____ Br^- _____ Cl^- 。

7. 次氯酸钠和氯酸钾的氧化性

（1）次氯酸钠的生成和性质

现象（填入括号内）：

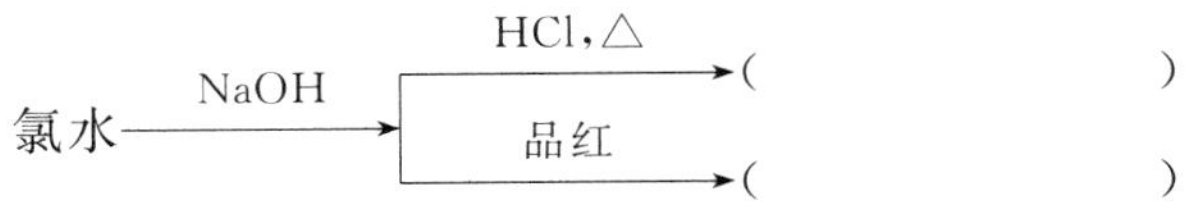

$$氯水 \xrightarrow{\ NaOH\ } \begin{array}{l} \xrightarrow{HCl,\triangle} (\qquad\qquad) \\ \xrightarrow{品红} (\qquad\qquad) \end{array}$$

反应式：_____

_____

（2）氯酸钾的性质

a. $KClO_3$ 与 KI 反应

现象：_____ 。

反应式：_____

b. $KClO_3$ 与浓盐酸反应

现象：_____ 。

反应式：_____

8. Ba^{2+} 和卤离子的检验

（1）Ba^{2+} 的检验

现象：_____ 。

反应式：_____

（2）卤离子的检验

现象（填入括号内）：

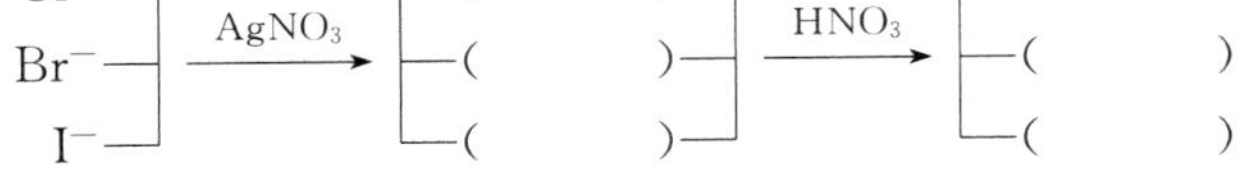

$$\left.\begin{array}{l} Cl^- \\ Br^- \\ I^- \end{array}\right] \xrightarrow{AgNO_3} \left[\begin{array}{l}(\quad\quad) \\ (\quad\quad) \\ (\quad\quad)\end{array}\right] \xrightarrow{HNO_3} \left[\begin{array}{l}(\quad\quad) \\ (\quad\quad) \\ (\quad\quad)\end{array}\right.$$

反应式：_____

_____

三、习题和讨论

实验三　化学反应速率和化学平衡

实验日期＿＿＿＿＿＿＿＿

一、目的要求

1. ＿＿＿＿＿＿＿＿＿＿＿＿＿＿＿＿＿＿＿＿＿＿＿＿＿＿＿＿＿。
2. ＿＿＿＿＿＿＿＿＿＿＿＿＿＿＿＿＿＿＿＿＿＿＿＿＿＿＿＿＿。
3. ＿＿＿＿＿＿＿＿＿＿＿＿＿＿＿＿＿＿＿＿＿＿＿＿＿＿＿＿＿。

二、实验原理

＿＿＿

＿＿＿

＿＿＿

＿＿＿

＿＿＿

＿＿＿

＿＿。

三、实验内容

1. 浓度对化学反应速率的影响

序号	$V(NaHSO_3)/mL$	$V(H_2O)/mL$	$V(KIO_3)/mL$	$c(KIO_3)/(mol \cdot L^{-1})$	溶液变蓝的时间/s
1	10	35	5	0.005	
2	10	30	10		
3	10	25	15		
4	10	20	20		
5	10	15	25		
结论					

2. 温度对化学反应速率的影响

序号	$V(NaHSO_3)/mL$	$V(H_2O)/mL$	$V(KIO_3)/mL$	实验温度/℃	溶液变蓝的时间/s
1	10	30	10		
2	10	30	10		
3	10	30	10		
结论					

3. 催化剂对化学反应速率的影响

反应式：＿＿＿＿＿＿＿＿＿＿＿＿＿＿＿＿＿＿＿＿＿＿＿＿＿＿＿＿＿

MnO_2 的作用：＿＿＿＿＿＿＿＿＿＿＿＿＿＿＿＿＿＿＿＿＿＿＿＿＿＿＿。

4. 浓度对化学平衡的影响

平衡：$2CrO_4^{2-} + 2H^+ \rightleftharpoons Cr_2O_7^{2-} + H_2O$

加酸：增大了＿＿＿＿＿＿浓度，平衡向＿＿＿＿＿＿移动；

加碱：降低了＿＿＿＿＿＿浓度，平衡向＿＿＿＿＿＿移动。

由于反应物浓度的变化（增大和降低）引起平衡发生移动，从而使溶液颜色由＿＿＿＿色变为＿＿＿＿色，又由＿＿＿＿色变为＿＿＿＿色。

5. 温度对化学平衡的影响

平衡：　　　　　　　　　　$2NO_2(g) \rightleftharpoons N_2O_4(g)$

　　　　　　　　　　（红棕色）　　　（无色）

现象：冷水中，球中气体颜色变＿＿＿＿；热水中，球中气体颜色变＿＿＿＿。

说明按上述反应方程式的正反应是＿＿＿＿热反应。

四、习题和讨论

实验四　电解质溶液

实验日期_____

一、目的要求

1. _____。
2. _____。
3. _____。
4. _____。
5. _____。

二、实验内容

1. 比较 HAc 溶液和 HCl 溶液的酸性

作用对象	甲基橙(填颜色及其深浅)	锌粒(填反应速率快慢)
HAc		
HCl		

说明：_____。

2. 溶液 pH 值的测定

溶液(0.1mol·L^{-1})		HCl	HAc	H_2S	NaOH	$NH_3 \cdot H_2O$
pH 值	计算值					
	测定值					
简单说明		强酸				

3. 同离子效应和缓冲溶液

（1）现象（填于括号内）：

$$HAc \xrightarrow{\text{甲基橙}} (\quad) \xrightarrow{\text{NaAc}} (\quad) \longrightarrow \begin{cases} \xrightarrow{\text{HCl}} (\quad) \\ (\text{对照}) \\ \xrightarrow{\text{NaOH}} (\quad) \end{cases}$$

说明：HAc 溶液中，加入 NaAc，由于_____，使甲基橙由_____色变为_____色；HAc-NaAc 溶液中，加入少量 HCl 溶液或 NaOH 溶液，由于_____，甲基橙颜色_____。

（2）现象（填入括号内）：

$$NH_3 \cdot H_2O \xrightarrow{\text{酚酞}} (\quad) \xrightarrow{NH_4Cl} (\quad) \longrightarrow \begin{cases} \xrightarrow{\text{HCl}} (\quad) \\ (\text{对照}) \\ \xrightarrow{\text{NaOH}} (\quad) \end{cases}$$

说明：$NH_3 \cdot H_2O$ 中，加入 NH_4Cl，由于_____，使溶液由_____色变为_____色，$NH_3 \cdot H_2O$-NH_4Cl 溶液中，加入少量 HCl 溶液或 NaOH 溶液，由于_____，使溶液颜色_____。

4. 盐类的水解

（1）盐溶液 pH 值的测定

溶液(0.1mol·L⁻¹)	NH₄Cl	MgCl₂	FeCl₃	NaCl	NH₄Ac	Na₂S
pH 值						
简单说明	强酸弱碱盐					

（2）NaAc 的水解

现象（填于括号内）：

NaAc 溶液 $\xrightarrow{\text{酚酞}}$（　　　　）$\xrightarrow{\triangle}$（　　　　）

说明：＿＿＿＿＿＿＿＿＿＿＿＿＿＿＿＿＿＿＿＿＿。

（3）FeCl₃ 的水解

现象（填于括号内）：

FeCl₃(s) $\xrightarrow[\text{溶解}]{\text{H}_2\text{O}}$（　　　）$\longrightarrow$ $\begin{cases} \xrightarrow{\text{HCl}}（　　　） \\ \longrightarrow（对照） \\ \xrightarrow{\triangle}（　　　） \end{cases}$

说明：＿＿＿＿＿＿＿＿＿＿＿＿＿＿＿＿＿＿＿＿＿。

（4）Al₂(SO₄)₃ 溶液与 Na₂CO₃ 溶液作用

现象：＿＿＿＿＿＿＿＿＿＿＿＿＿＿＿＿＿＿＿＿＿。

反应式：＿＿＿＿＿＿＿＿＿＿＿＿＿＿＿＿＿＿＿＿。

说明：＿＿＿＿＿＿＿＿＿＿＿＿＿＿＿＿＿＿＿＿＿。

5. 沉淀平衡（将实验现象填入括号内）

（1）沉淀的溶解

CaCO₃ 粉末 $\xrightarrow[\text{振荡}]{\text{水}}$（　　　）$\xrightarrow{\text{HCl}}$（　　　）

反应式：＿＿＿＿＿＿＿＿＿＿＿＿＿＿＿＿＿＿＿＿＿

说明：在 CaCO₃ 的溶解沉淀平衡体系中，由于盐酸的加入，H^+ 与＿＿＿＿结合，使＿＿＿＿＿＿＿，造成 Q_{sp}＿＿＿＿K_{sp}，故令 CaCO₃ 沉淀溶解。

（2）沉淀的生成

Pb(NO₃)₂ 溶液 $\xrightarrow{\text{KI}}$（　　　）$\longrightarrow$ $\begin{cases} \text{沉淀} \\ \text{清液} \xrightarrow{\text{KI}}（　　　） \end{cases}$

离子方程式：＿＿＿＿＿＿＿＿＿＿＿＿＿＿＿＿＿＿＿

说明：由于 I^- 的加入，使 $Q_{sp}(PbI_2)$＿＿＿＿$K_{sp}^{\ominus}(PbI_2)$，所以产生 PbI_2 沉淀。

（3）沉淀的转化

K₂CrO₄ 溶液 $\xrightarrow{\text{AgNO}_3}$（　　　）$\xrightarrow[\text{洗涤沉淀}]{\text{NaCl}}$（　　　）

反应式：＿＿＿＿＿＿＿＿＿＿＿＿＿＿＿＿＿＿＿＿＿

说明：由于 $S(AgCl)$＿＿＿＿$S(Ag_2CrO_4)$，故 Ag_2CrO_4 沉淀很快转化为 AgCl 沉淀。

三、习题和讨论

实验五　硼、铝、碳、硅、锡、铅的重要化合物

实验日期＿＿＿＿＿＿＿＿

一、目的要求

1. ＿＿＿＿＿＿＿＿＿＿＿＿＿＿＿＿＿＿＿＿＿＿＿＿＿＿＿＿＿＿＿＿＿＿＿＿＿＿。

2. ＿＿＿＿＿＿＿＿＿＿＿＿＿＿＿＿＿＿＿＿＿＿＿＿＿＿＿＿＿＿＿＿＿＿＿＿＿＿。

3. ＿＿＿＿＿＿＿＿＿＿＿＿＿＿＿＿＿＿＿＿＿＿＿＿＿＿＿＿＿＿＿＿＿＿＿＿＿＿。

4. ＿＿＿＿＿＿＿＿＿＿＿＿＿＿＿＿＿＿＿＿＿＿＿＿＿＿＿＿＿＿＿＿＿＿＿＿＿＿。

二、实验内容

1. 铝和 $Al(OH)_3$ 的两性

（1）铝与盐酸的反应

现象：＿＿＿＿＿＿＿＿＿＿＿＿＿＿＿＿＿＿＿＿＿＿＿＿＿＿＿＿＿＿＿＿＿＿＿＿。

反应式：＿＿＿＿＿＿＿＿＿＿＿＿＿＿＿＿＿＿＿＿＿＿＿＿＿＿＿＿＿＿＿＿＿＿＿

（2）铝与 NaOH 溶液的反应

现象：＿＿＿＿＿＿＿＿＿＿＿＿＿＿＿＿＿＿＿＿＿＿＿＿＿＿＿＿＿＿＿＿＿＿＿＿。

反应式：＿＿＿＿＿＿＿＿＿＿＿＿＿＿＿＿＿＿＿＿＿＿＿＿＿＿＿＿＿＿＿＿＿＿＿

（3）铝的汞齐化作用——"铝白毛"实验

现象：＿＿＿＿＿＿＿＿＿＿＿＿＿＿＿＿＿＿＿＿＿＿＿＿＿＿＿＿＿＿＿＿＿＿＿。

说明及反应式：Al 与 Hg^{2+} 反应，Al 将 Hg^{2+} 还原为 Hg，Al 与 Hg 形成 Al-Hg 齐于 Al 的表面，使 Al 无法形成致密的氧化膜。这样，Al 便在潮湿的空气中形成白色的水合 Al_2O_3 毛状结晶。

$$4Al(Hg) + 3O_2 + 2nH_2O \longrightarrow 2Al_2O_3 \cdot nH_2O + (Hg)$$

（4）$Al(OH)_3$ 的两性

现象（填入括号内）：

$$Al_2(SO_4)_3 \xrightarrow{NH_3 \cdot H_2O} (\qquad) \begin{array}{c} \xrightarrow{HCl} (\qquad) \\ \xrightarrow{NaOH} (\qquad) \end{array}$$

反应式：＿＿＿＿＿＿＿＿＿＿＿＿＿＿＿＿＿＿＿＿＿＿＿＿＿＿＿＿＿＿＿＿＿＿＿

＿＿＿＿＿＿＿＿＿＿＿＿＿＿＿＿＿＿＿＿＿＿＿＿＿＿＿＿＿＿＿＿＿＿＿＿＿＿＿

2. 铝与水的作用

现象：＿＿＿＿＿＿＿＿＿＿＿＿＿＿＿＿＿＿＿＿＿＿＿＿＿＿＿＿＿＿＿＿＿＿＿＿。

反应式：＿＿＿＿＿＿＿＿＿＿＿＿＿＿＿＿＿＿＿＿＿＿＿＿＿＿＿＿＿＿＿＿＿＿＿

3. 铝盐及硼砂的水解

（1）$Al_2(SO_4)_3$ 水溶液的 pH＝＿＿＿＿＿＿

（2）$Na_2B_4O_7$ 水溶液的 pH＝＿＿＿＿＿＿

（3）$Al_2(SO_4)_3$ 溶液与 $(NH_4)_2S$ 溶液反应

现象：＿＿＿＿＿＿＿＿＿＿＿＿＿＿＿＿＿＿＿＿＿＿＿＿＿＿＿＿＿＿＿＿＿＿＿＿。

反应式：＿＿＿＿＿＿＿＿＿＿＿＿＿＿＿＿＿＿＿＿＿＿＿＿＿＿＿＿＿＿＿＿＿＿＿

4．CO$_2$ 的制备和性质

（1）CO$_2$ 的制备及检验

现象：_____。

反应式：_____

（2）CO$_2$ 水溶液的酸性

现象：_____。

反应式：_____

5．碳酸盐和酸式碳酸盐的相互转化

现象（填入括号内）：

$$Ca(OH)_2 \text{溶液} \xrightarrow{CO_2} (\qquad) \xrightarrow{CO_2} (\qquad) \longrightarrow \begin{array}{c} \xrightarrow[\triangle]{Ca(OH)_2} (\qquad) \\ \longrightarrow (\qquad) \end{array}$$

反应式：_____

_____

_____

6．碳酸盐和硅酸盐的水解作用

（1）Na$_2$CO$_3$ 溶液的 pH＝_____。

Na HCO$_3$ 溶液的 pH＝_____。

Na$_2$SiO$_3$ 溶液的 pH＝_____。

（2）CuSO$_4$ 溶液和 Na$_2$CO$_3$ 溶液作用

现象：_____。

反应式：_____

7．二价锡盐的水解及其抑制

（1）SnCl$_2$ 的水解

现象：_____。

反应式：_____

（2）SnCl$_2$ 溶液的配制（水解的抑制）

过程：_____

_____。

8．Pb(Ⅳ) 和 Sn(Ⅱ) 的氧化还原性

（1）PbO$_2$ 与浓盐酸作用

现象：_____。

反应式：_____

（2）PbO$_2$ 与 Mn^{2+} 反应

现象：_____。

反应式：_____

通过以上两实验说明 Pb(Ⅳ) 具有_____。

（3）SnCl$_2$ 溶液与 KMnO$_4$ 溶液作用

现象：_____。

反应式：_____

（4）SnCl$_2$ 溶液与 HgCl$_2$ 溶液反应

现象：_____。

反应式：_____

_____

通过以上两实验说明 Sn(Ⅱ) 具有_____。

三、习题和讨论

实验六　氧化还原反应和电化学

实验日期_____

一、目的要求

1. _____。
2. _____。
3. _____。

二、实验内容

1. 电极电势与氧化还原反应的关系

（1）KI 溶液、KBr 溶液分别与 FeCl$_3$ 溶液的作用

现象（填入括号内）：

$$\left.\begin{array}{l}\text{KI 溶液} \\ \text{KBr 溶液}\end{array}\right] \xrightarrow[\text{CCl}_4]{\text{FeCl}_3} \left[\begin{array}{l}(\qquad) \\ (\qquad)\end{array}\right.$$

离子反应式：

_____

（2）Fe^{2+} 溶液分别与溴水、碘水作用

现象（填入括号内）：

$$\text{Fe}^{2+}\text{溶液} \longrightarrow \left\{\begin{array}{l}\dfrac{\text{溴水}}{\text{CCl}_4} \rightarrow (\qquad) \\ \dfrac{\text{碘水}}{\text{CCl}_4} \rightarrow (\qquad)\end{array}\right.$$

离子反应式：_____

由实验得知 $\varphi(\text{I}_2/\text{I}^-)$ _____ $\varphi(\text{Fe}^{3+}/\text{Fe}^{2+})$ _____ $\varphi(\text{Br}_2/\text{Br}^-)$，其中最强的氧化剂是 _____，最强的还原剂是 _____。

（3）锌片（粒）分别与 Pb(NO$_3$)$_2$ 溶液、CuSO$_4$ 溶液作用

现象（填入括号内）：

$$\left.\begin{array}{l}\text{Pb(NO}_3)_2\text{ 溶液} \\ \text{CuSO}_4\text{ 溶液}\end{array}\right] \xrightarrow[\text{(或锌粒)}]{\text{锌片}} \left[\begin{array}{l}(\qquad) \\ (\qquad)\end{array}\right.$$

离子反应式：_____

（4）铅粒分别与 ZnSO$_4$ 溶液、CuSO$_4$ 溶液作用

现象（填入括号内）：

$$\left.\begin{array}{l}\text{ZnSO}_4\text{ 溶液} \\ \text{CuSO}_4\text{ 溶液}\end{array}\right] \xrightarrow{\text{铅粒}} \left[\begin{array}{l}(\qquad) \\ (\qquad)\end{array}\right.$$

离子反应式

_____

由实验得知 $\varphi(\text{Zn}^{2+}/\text{Zn})$ _____ $\varphi(\text{Pb}^{2+}/\text{Pb})$ _____ $\varphi(\text{Cu}^{2+}/\text{Cu})$。

综上实验，可以得出如下结论，电极电势越高的电对中的氧化态物质，其氧化性_____，电极电势越低的电对中的还原态物质，其还原性_____。

2．酸度对氧化还原反应的影响

现象（填入括号内）：

$$\text{KBr 溶液} \begin{cases} \xrightarrow[\text{H}_2\text{SO}_4]{\text{KMnO}_4} (\qquad) \\ \xrightarrow[\text{HAc}]{\text{KMnO}_4} (\qquad) \end{cases}$$

离子反应式为：

$$2MnO_4^- + 10Br^- + 16H^+ \longrightarrow 2Mn^{2+} + 5Br_2 + 8H_2O$$

说明：由于两试管中使用的酸不同，它们的 $c(H^+)$ 不同，在加入 H_2SO_4 的试管中，因 $c(H^+)$ _____，故反应速率_____。

3．浓度对氧化还原反应的影响

（1）浓度对反应产物的影响

现象（填入括号内）：

$$\text{锌粒} \begin{cases} \xrightarrow{\text{HNO}_3（\text{浓}）} (\qquad) \\ \xrightarrow{\text{HNO}_3（\text{稀}）} (\qquad) \end{cases}$$

反应式为：

$$Zn + 4HNO_3（浓）\longrightarrow Zn(NO_3)_2 + 2NO_2 \uparrow + 2H_2O$$
$$4Zn + 10HNO_3（很稀）\longrightarrow 4Zn(NO_3)_2 + NH_4NO_3 + 3H_2O$$

（2）浓度对电极电势的影响

原电池$(-)Zn|Zn^{2+} \parallel Cu^{2+}|Cu(+)$　　$E = $_____ V，

在铜半电池中滴加 NaOH 溶液　$E = $_____ V，

在锌半电池中滴加 NaOH 溶液　$E = $_____ V。

4．介质对氧化还原反应的影响

现象（填入括号内）：

$$\text{KMnO}_4 \text{溶液} \xrightarrow[\text{H}_2\text{SO}_4]{\text{Na}_2\text{SO}_3} (\qquad)$$

$$\text{KMnO}_4 \text{溶液} \xrightarrow[\text{NaOH}]{\text{Na}_2\text{SO}_3} (\qquad)$$

$$\text{KMnO}_4 \text{溶液} \xrightarrow[\text{水}]{\text{Na}_2\text{SO}_3} (\qquad)$$

说明：酸度越大 $KMnO_4$ 的氧化性_____。

反应式（离子方程式）：

_____

_____

_____

5．用 Cu-Zn 原电池作电源电解 Na_2SO_4 溶液

现象：_____。

电极反应式：

阳极_____

阴极_____

6. 电解饱和食盐水溶液

现象：阳极区_____，

　　　阴极区_____。

电极反应式：

　　　阳极_____

　　　阴极_____

总反应式：

　　　_____

三、习题和讨论

实验七　氮族元素的重要化合物

实验日期_____

一、目的要求

1. _____。
2. _____。
3. _____。
4. _____。
5. _____。

二、实验内容

1. NH_3 的制备和性质

（1）NH_3 的制备和收集

反应式：_____

NH_3 应采用_____收集。

（2）NH_3 溶于水

现象：_____。

反应式：_____

（3）$NH_3 \cdot H_2O$ 的酸碱性：pH＝_____。

（4）$NH_3(g)$ 与 $HCl(g)$ 反应

现象：_____。

反应式：_____

2. 铵盐的性质及检验

（1）铵盐的溶解性和水解性

铵　盐	溶解性	溶液 pH	说　明
NH_4NO_3			
$(NH_4)_2SO_4$			
$(NH_4)_2CO_3$			弱酸弱碱盐 $K_b^{\ominus}$ _____ $K_a^{\ominus}$

（2）NH_4Cl 的热分解

现象：_____。

反应式：_____

（3）铵盐的检验（方法之一）

现象：_____。

反应式：_____

3. HNO_2 及其盐的性质

（1）HNO_2 的生成及分解

现象：_____。

反应式：_____

（2）NaNO₂ 的氧化性（与 KI 反应）

现象：_____。

反应式：_____

（3）NaNO₂ 的还原性（与 KMnO₄ 反应）

现象：_____。

反应式：_____

4．HNO₃ 及其盐的性质

（1）Cu 与浓硝酸反应

现象：_____。

反应式：_____

Cu 与稀硝酸反应

现象：_____。

反应式：_____

（2）KNO₃ 的分解及与木炭的反应

现象：_____。

反应式：_____

5．磷酸盐的性质

（1）磷酸盐溶液的酸碱性

Na_3PO_4 溶液：pH＝_____，水解使溶液显_____性；

Na_2HPO_4 溶液：pH＝_____，水解_____于电离；

NaH_2PO_4 溶液：pH＝_____，水解_____于电离。

（2）Na_3PO_4 与 $CaCl_2$ 反应

现象（填入括号内）：

Na_3PO_4 溶液 $\xrightarrow{CaCl_2}$（　　　　　）$\xrightarrow{HCl}$（　　　　　）。

反应式：_____

（3）Na_3PO_4 与 $AgNO_3$ 反应

现象（填入括号内）：

Na_3PO_4 溶液 $\xrightarrow{AgNO_3}$（　　　　　）$\xrightarrow{HNO_3}$（　　　　　）。

反应式：_____

6．$NaBiO_3$ 的氧化性（与 Mn^{2+} 溶液反应）

现象：_____。

反应式：_____

根据反应可知 $\varphi(NaBiO_3/Bi^{3+})$ _____ $\varphi(MnO_4^-/Mn^{2+})$

三、习题和讨论

实验八　氧和硫的重要化合物

实验日期＿＿＿＿＿＿

一、目的要求

1. ＿＿＿＿＿＿＿＿＿＿＿＿＿＿＿＿＿＿＿＿＿＿＿＿＿＿＿＿＿＿＿＿＿＿＿＿。
2. ＿＿＿＿＿＿＿＿＿＿＿＿＿＿＿＿＿＿＿＿＿＿＿＿＿＿＿＿＿＿＿＿＿＿＿＿。
3. ＿＿＿＿＿＿＿＿＿＿＿＿＿＿＿＿＿＿＿＿＿＿＿＿＿＿＿＿＿＿＿＿＿＿＿＿。
4. ＿＿＿＿＿＿＿＿＿＿＿＿＿＿＿＿＿＿＿＿＿＿＿＿＿＿＿＿＿＿＿＿＿＿＿＿。
5. ＿＿＿＿＿＿＿＿＿＿＿＿＿＿＿＿＿＿＿＿＿＿＿＿＿＿＿＿＿＿＿＿＿＿＿＿。

二、实验内容

1. H_2O_2 的氧化性和还原性

（1）H_2O_2 的氧化性（与 KI 反应）

现象：＿＿＿＿＿＿＿＿＿＿＿＿＿＿＿＿＿＿＿＿＿＿＿＿＿＿＿＿＿＿＿＿＿。

反应式：＿＿＿＿＿＿＿＿＿＿＿＿＿＿＿＿＿＿＿＿＿＿＿＿＿＿＿＿＿＿＿＿＿

（2）H_2O_2 的还原性（与 $KMnO_4$ 反应）

现象：＿＿＿＿＿＿＿＿＿＿＿＿＿＿＿＿＿＿＿＿＿＿＿＿＿＿＿＿＿＿＿＿＿。

反应式：＿＿＿＿＿＿＿＿＿＿＿＿＿＿＿＿＿＿＿＿＿＿＿＿＿＿＿＿＿＿＿＿＿

2. H_2S 的制备和性质

（1）H_2S 的制备

反应式：＿＿＿＿＿＿＿＿＿＿＿＿＿＿＿＿＿＿＿＿＿＿＿＿＿＿＿＿＿＿＿＿＿

（2）H_2S 的性质

① H_2S 的燃烧

空气充足时——

现象：＿＿＿＿＿＿＿＿＿＿＿＿＿＿＿＿＿＿＿＿＿＿＿＿＿＿＿＿＿＿＿＿＿。

反应式：＿＿＿＿＿＿＿＿＿＿＿＿＿＿＿＿＿＿＿＿＿＿＿＿＿＿＿＿＿＿＿＿＿

空气不足时——

现象：＿＿＿＿＿＿＿＿＿＿＿＿＿＿＿＿＿＿＿＿＿＿＿＿＿＿＿＿＿＿＿＿＿。

反应式：＿＿＿＿＿＿＿＿＿＿＿＿＿＿＿＿＿＿＿＿＿＿＿＿＿＿＿＿＿＿＿＿＿

② H_2S 水溶液的酸碱性：pH＝＿＿＿＿。

③ H_2S 与溴水反应

现象：＿＿＿＿＿＿＿＿＿＿＿＿＿＿＿＿＿＿＿＿＿＿＿＿＿＿＿＿＿＿＿＿＿。

反应式：＿＿＿＿＿＿＿＿＿＿＿＿＿＿＿＿＿＿＿＿＿＿＿＿＿＿＿＿＿＿＿＿＿

④ H_2S 与 $KMnO_4$ 溶液反应

现象：＿＿＿＿＿＿＿＿＿＿＿＿＿＿＿＿＿＿＿＿＿＿＿＿＿＿＿＿＿＿＿＿＿。

反应式：＿＿＿＿＿＿＿＿＿＿＿＿＿＿＿＿＿＿＿＿＿＿＿＿＿＿＿＿＿＿＿＿＿

⑤ H_2S 与 $FeCl_3$ 溶液反应

现象：＿＿＿＿＿＿＿＿＿＿＿＿＿＿＿＿＿＿＿＿＿＿＿＿＿＿＿＿＿＿＿＿＿。

反应式：＿＿＿＿＿＿＿＿＿＿＿＿＿＿＿＿＿＿＿＿＿＿＿＿＿＿＿＿＿＿＿＿＿

3．SO_2 的制备和性质

（1） SO_2 的制备

反应式：＿＿＿＿＿＿＿＿＿＿＿＿＿＿＿＿＿＿＿＿＿＿＿＿＿＿

（2） SO_2 的性质

① SO_2 水溶液的酸碱性

由导气管排出的 SO_2 气体可使湿润的＿＿＿＿色石蕊试纸变＿＿＿＿，说明 SO_2 水溶液显＿＿＿＿性。反应式为：$SO_2 + H_2O \Longrightarrow$ ＿＿＿＿＿＿＿＿＿＿＿＿＿＿＿＿

② SO_2 与 H_2S 溶液反应

现象：＿＿＿＿＿＿＿＿＿＿＿＿＿＿＿＿＿＿＿＿＿＿＿＿＿。

反应式：＿＿＿＿＿＿＿＿＿＿＿＿＿＿＿＿＿＿＿＿＿＿＿＿＿

③ SO_2 的漂白作用

由 Na_2SO_3 与浓硫酸作用产生的 SO_2 使品红溶液＿＿＿＿＿＿，由于 SO_2 与有机色素形成的加合物不稳定，加热，品红颜色＿＿＿＿。

4．浓硫酸的特性

（1）浓硫酸的吸水性和脱水性

现象：＿＿＿＿＿＿＿＿＿＿＿＿＿＿＿＿＿＿＿＿＿＿＿＿＿。

（2）浓硫酸的氧化性（与 Cu 反应）

现象：＿＿＿＿＿＿＿＿＿＿＿＿＿＿＿＿＿＿＿＿＿＿＿＿＿。

反应式：＿＿＿＿＿＿＿＿＿＿＿＿＿＿＿＿＿＿＿＿＿＿＿＿＿

5．SO_4^{2-} 的检验

现象（填入括号内）：

$$
\begin{array}{l}
H_2SO_4\ 溶液 \\
Na_2SO_4\ 溶液 \\
Na_2CO_3\ 溶液
\end{array}
\xrightarrow{BaCl_2}
\begin{array}{l}
(\quad\quad) \\
(\quad\quad) \\
(\quad\quad)
\end{array}
\xrightarrow{HNO_3}
\begin{array}{l}
(\quad\quad) \\
(\quad\quad) \\
(\quad\quad)
\end{array}
$$

反应式：＿＿＿＿＿＿＿＿＿＿＿＿＿＿＿＿＿＿＿＿＿＿＿＿＿

6．$Na_2S_2O_3$ 的性质

（1） $Na_2S_2O_3$ 与 H_2SO_4 反应

现象：＿＿＿＿＿＿＿＿＿＿＿＿＿＿＿＿＿＿＿＿＿＿＿＿＿。

反应式：＿＿＿＿＿＿＿＿＿＿＿＿＿＿＿＿＿＿＿＿＿＿＿＿＿

（2） $Na_2S_2O_3$ 与碘水反应（淀粉作指示剂）

现象：＿＿＿＿＿＿＿＿＿＿＿＿＿＿＿＿＿＿＿＿＿＿＿＿＿。

反应式：＿＿＿＿＿＿＿＿＿＿＿＿＿＿＿＿＿＿＿＿＿＿＿＿＿

三、习题和讨论

实验九　配位化合物

实验日期_____

一、目的要求

1. _____。
2. _____。
3. _____。

二、实验内容

1. 配合物的生成和组成

（1）HgI_4^{2-} 的生成

现象：_____。

反应式：_____

（2）$[Cu(NH_3)_4]SO_4$ 的生成和组成

现象（填入括号内）：

$$CuSO_4\text{ 溶液}\xrightarrow{NH_3\cdot H_2O}(\qquad)\xrightarrow{NH_3\cdot H_2O(过量)}(\qquad)\longrightarrow\begin{array}{l}\xrightarrow{NaOH}(\qquad\qquad)\\ \xrightarrow{BaCl_2}(\qquad\qquad)\end{array}$$

反应式：_____

_____

说明：$CuSO_4$ 与 NH_3 形成配合物后，Cu^{2+} 处于配合物的____，而 SO_4^{2-} 处于____。

（3）配离子与简单离子、复盐的区别

现象（填入括号内）：

$$\left.\begin{array}{l}FeCl_3\text{ 溶液}\\ NH_4Fe(SO_4)_2\text{ 溶液}\\ K_3[Fe(CN)_6]\text{ 溶液}\end{array}\right\}\xrightarrow{KSCN}\begin{array}{l}(\qquad)\\ (\qquad)\\ (\qquad)\end{array}$$

离子方程式：_____

说明：$FeCl_3$ 和 $NH_4Fe(SO_4)_2$ 溶液中，Fe^{3+} 均游离于溶液中，可与 SCN^- 作用，形成_____色的配离子。而 $K_3[Fe(CN)_6]$ 溶液中的 $Fe(\mathrm{III})$ 已形成稳定的配离子。

2. 配位平衡及其移动

（1）$[Fe(SCN)_6]^{3-}$ 的配位平衡及其移动

现象（填入括号内）：

$$Fe^{3+}\text{ 溶液}\xrightarrow{\text{水，}SCN^-}(\qquad)\longrightarrow\begin{array}{l}\xrightarrow{FeCl_3}(\qquad)\\ \xrightarrow{KSCN}(\qquad)\\ \longrightarrow(对照)\end{array}$$

平衡的离子方程式：

_____

平衡移动情况：$\begin{cases} 加入 FeCl_3 \underline{\hspace{5cm}}, \\ 加入 KSCN \underline{\hspace{5cm}}。 \end{cases}$（用箭头指出方向）

（2）$[Cu(NH_3)_4]^{2+}$ 的配位平衡及其移动

现象（填入括号内）：

$$Cu^{2+} 溶液 \xrightarrow{NH_3·H_2O(过量)} (\quad\quad) \longrightarrow \begin{array}{l} \xrightarrow{水} (\quad\quad\quad) \\ \xrightarrow{H_2SO_4} (\quad\quad\quad) \end{array}$$

平衡的离子方程式：

$\underline{\hspace{11cm}}$

平衡移动情况：$\begin{cases} 加入水 \underline{\hspace{5cm}}, \\ 加入 H_2SO_4 \underline{\hspace{5cm}}。 \end{cases}$（用箭头指出方向）

3. 配位平衡与氧化还原反应

现象（填入括号内）：

$FeCl_3 溶液 \xrightarrow[CCl_4]{KI} (\quad\quad\quad\quad)。$

$FeCl_3 溶液 \xrightarrow[CCl_4]{NaF，KI} (\quad\quad\quad\quad)。$

离子方程式：

$\underline{\hspace{8cm}}$

$\underline{\hspace{8cm}}$

说明：中心离子形成稳定配合物以后，其 $\underline{\hspace{2cm}}$ 能力发生变化。

三、习题和讨论

实验十 过 渡 元 素

实验日期_____

一、目的要求

1. _____。
2. _____。
3. _____。
4. _____。
5. _____。
6. _____。

二、实验内容

1. Cu^{2+}、Zn^{2+}、Ag^+、Hg^{2+} 与 NaOH 溶液的反应

(1) $Cu(OH)_2$ 的生成和性质

现象（填入括号内）：

$$CuSO_4\ 溶液 \xrightarrow{NaOH} (\quad\quad) \longrightarrow \begin{cases} \xrightarrow{H_2SO_4} (\quad\quad) \\ \xrightarrow{NaOH（浓）} (\quad\quad) \\ \xrightarrow{\triangle} (\quad\quad) \end{cases}$$

反应式：_____

_____

(2) $Zn(OH)_2$ 的生成和两性

现象（填入括号内）：

$$ZnSO_4\ 溶液 \xrightarrow{NaOH} (\quad\quad) \longrightarrow \begin{cases} \xrightarrow{NaOH} (\quad\quad) \\ \xrightarrow{HCl} (\quad\quad) \end{cases}$$

反应式：_____

$Cu(OH)_2$ 与 $Zn(OH)_2$ 两性比较：

_____。

(3) Ag^+ 与 NaOH 溶液的反应

现象：_____。

反应式：_____

(4) Hg^{2+} 与 NaOH 溶液的反应

现象：_____。

反应式：_____

2. Cu^{2+}、Zn^{2+}、Ag^+ 与 $NH_3 \cdot H_2O$ 的反应

(1) $[Cu(NH_3)_4]^{2+}$ 的生成及其配位平衡的移动

现象（填入括号内）：

$$CuSO_4 \text{ 溶液} \xrightarrow{NH_3 \cdot H_2O（过量）} (\qquad) \longrightarrow \begin{array}{c} \xrightarrow{H_2SO_4} (\qquad) \\ \\ \xrightarrow{\triangle} (\qquad) \end{array}$$

平衡式：＿＿＿＿＿＿＿＿＿＿＿＿＿＿＿＿＿＿＿＿＿＿＿＿＿＿＿＿＿＿＿

平衡移动情况：加 H_2SO_4 ＿＿＿＿＿＿＿＿＿＿＿，（用箭头表示方向）
　　　　　　　加热＿＿＿＿＿＿＿＿＿＿＿。

（2）$[Zn(NH_3)_4]^{2+}$ 的生成及其配位平衡的移动

现象（填入括号内）：

$$ZnSO_4 \text{ 溶液} \xrightarrow{NH_3 \cdot H_2O（过量）} (\qquad) \longrightarrow \begin{array}{c} \xrightarrow{H_2SO_4} (\qquad) \\ \\ \xrightarrow{\triangle} (\qquad) \end{array}$$

平衡式：＿＿＿＿＿＿＿＿＿＿＿＿＿＿＿＿＿＿＿＿＿＿＿＿＿＿＿＿＿＿＿

平衡移动情况：加 H_2SO_4 ＿＿＿＿＿＿＿＿＿＿＿，（用箭头表示方向）
　　　　　　　加热＿＿＿＿＿＿＿＿＿＿＿。

（3）$[Ag(NH_3)_2]^+$ 的生成

现象：＿＿＿＿＿＿＿＿＿＿＿＿＿＿＿＿＿＿＿＿＿＿＿＿＿＿＿＿＿＿＿＿。

反应式：＿＿＿＿＿＿＿＿＿＿＿＿＿＿＿＿＿＿＿＿＿＿＿＿＿＿＿＿＿＿＿＿

3. Cu^{2+}、Ag^+、Hg^{2+} 与 KI 溶液的反应

（1）Cu^{2+} 与 KI 溶液的反应

现象：＿＿＿＿＿＿＿＿＿＿＿＿＿＿＿＿＿＿＿＿＿＿＿＿＿＿＿，加入

$Na_2S_2O_3$ 溶液是为了＿＿＿＿＿＿＿＿＿＿＿＿＿＿＿＿＿＿＿＿＿＿＿＿＿。

反应式：＿＿＿＿＿＿＿＿＿＿＿＿＿＿＿＿＿＿＿＿＿＿＿＿＿＿＿＿＿＿＿＿

（2）Ag^+ 与 KI 溶液的反应

现象：＿＿＿＿＿＿＿＿＿＿＿＿＿＿＿＿＿＿＿＿＿＿＿＿＿＿＿＿＿＿＿＿。

反应式：＿＿＿＿＿＿＿＿＿＿＿＿＿＿＿＿＿＿＿＿＿＿＿＿＿＿＿＿＿＿＿＿

（3）Hg^{2+} 与 KI 溶液的反应

现象：＿＿＿＿＿＿＿＿＿＿＿＿＿＿＿＿＿＿＿＿＿＿＿＿＿＿＿＿＿＿＿＿。

反应式：＿＿＿＿＿＿＿＿＿＿＿＿＿＿＿＿＿＿＿＿＿＿＿＿＿＿＿＿＿＿＿＿

NH_4^+ 的检验

现象：＿＿＿＿＿＿＿＿＿＿＿＿＿＿＿＿＿＿＿＿＿＿＿＿＿＿＿＿＿＿＿＿。

反应式：＿＿＿＿＿＿＿＿＿＿＿＿＿＿＿＿＿＿＿＿＿＿＿＿＿＿＿＿＿＿＿＿

4. $Cr(OH)_3$ 的生成及两性

现象（填入括号内）：

$$\left. \begin{array}{l} Cr_2(SO_4)_3 \text{ 溶液} \\ \\ Cr_2(SO_4)_3 \text{ 溶液} \end{array} \right\} \xrightarrow{NaOH} (\qquad) \longrightarrow \begin{array}{c} \xrightarrow{NaOH} (\qquad) \\ \\ \xrightarrow{HCl} (\qquad) \end{array}$$

反应式：＿＿＿＿＿＿＿＿＿＿＿＿＿＿＿＿＿＿＿＿＿＿＿＿＿＿＿＿＿＿＿＿

5. Cr(Ⅲ) 和 Cr(Ⅵ) 的相互转化

(1) Cr(Ⅲ) 转化为 Cr(Ⅵ)

现象：_____。

反应方程式为：

$$2CrO_2^- + 2OH^- + 3H_2O_2 \longrightarrow 2CrO_4^{2-} + 4H_2O$$

(2) Cr(Ⅵ) 转化为 Cr(Ⅲ)

① $K_2Cr_2O_7$ 与 H_2O_2 的反应

现象：_____。

反应式：_____

② $K_2Cr_2O_7$ 与 Na_2SO_3 的反应

现象：_____。

反应方程式为：_____

$$Cr_2O_7^{2-} + 3SO_3^{2-} + 8H^+ \longrightarrow 2Cr^{3+} + 3SO_4^{2-} + 4H_2O$$

③ $K_2Cr_2O_7$ 与浓盐酸的反应

现象：_____。

反应方程式为：_____

$$Cr_2O_7^{2-} + 6Cl^- + 14H^+ \longrightarrow 2Cr^{3+} + 3Cl_2 \uparrow + 7H_2O$$

6. $Cr_2O_7^{2-}$ 和 CrO_4^{2-} 的相互转化

转化平衡式：$Cr_2O_7^{2-} + H_2O \rightleftharpoons 2CrO_4^{2-} + 2H^+$

现象及平衡移动情况：加 NaOH _____。

　　　　　　　　　　　加 H_2SO_4 _____。

7. $KMnO_4$ 的氧化性 （与 Na_2SO_3 反应）

(1) 在酸性介质中

现象：_____。

反应式：_____

(2) 在碱性介质中

现象：_____。

反应式：_____

(3) 在中性介质中

现象：_____。

反应式：_____

说明：$KMnO_4$ 在_____性介质中的氧化性最强，而在_____性介质中的氧化性最弱。

8. 铁的化合物的性质及铁离子的鉴定

(1) Fe(Ⅱ) 的还原性

① $Fe(OH)_2$ 的生成及其被氧化

现象：_____。

反应式：_____

② Fe^{2+} 与 $KMnO_4$ 溶液的反应

现象：_____。

反应式：_____

（2）Fe^{3+} 的氧化性

① $FeCl_3$ 与 Cu 的反应

现象：_____。

反应式：_____

② $FeCl_3$ 与 KI 溶液的反应

现象：_____。

反应式：_____

（3）铁的配合物及铁离子的鉴定

① Fe^{2+} 的鉴定（与 $K_3[Fe(CN)_6]$ 反应）

现象：_____。

反应式：_____

② Fe^{3+} 的鉴定，与 $K_4[Fe(CN)_6]$ 溶液反应

现象：_____。

反应式：_____

与 KSCN 溶液反应

现象：_____。

反应式：_____

三、习题和讨论

无机化学实验的综合性训练

玻璃管、棒的加工

产品报告单

产品名称	规　格	数　量	验收情况
指导老师 评语及评分			

分析天平称量练习

1. 直接称量法

称量报告单　　　　　　　　　　　　　　　单位：g

粗 称 质 量		准确称量质量		称量物名称	称量物质量
表面皿	称量物	表面皿	表面皿＋称量物		
指导老师 评语及评分					

2. 递减称量法

称量报告单

称量物名称：＿＿＿＿＿＿＿　　　　　　　　　　　　　　　　　单位：g

粗称质量（称量瓶＋称量物）		
准确称量质量	第一次称量质量	
	第二次称量质量	
	1# 烧杯中试样质量	
	第三次称量质量	
	2# 烧杯中试样质量	
	第四次称量质量	
	3# 烧杯中试样质量	
指导老师评语及评分		

酸碱滴定练习

1. 盐酸浓度的测定

滴定报告单

项　　目	第一次	第二次	第三次	第四次	第五次	第六次
NaOH 标准溶液的浓度/（mol·L^{-1})						
终读数/mL						
初读数/mL						
消耗 NaOH 溶液的体积/mL						
HCl 溶液的取量/mL						
HCl 溶液的浓度（计算）/（mol·L^{-1})						
HCl 溶液的平均浓度（计算）/（mol·L^{-1})						
指导老师评语及评分						

2. NaOH 溶液浓度的测定

滴定报告单

项 目	第一次	第二次	第三次	第四次	第五次	第六次
HCl 标准溶液的浓度/($mol \cdot L^{-1}$)						
终读数/mL						
初读数/mL						
消耗 HCl 溶液的体积/mL						
NaOH 溶液的取量/mL						
NaOH 溶液的浓度(计算)/($mol \cdot L^{-1}$)						
NaOH 溶液的平均浓度(计算)/($mol \cdot L^{-1}$)						
指导老师 评语及评分						

无机物的提纯和制备

实验一　粗食盐的提纯

一、目的要求

1. _____ 。
2. _____ 。

二、实验原理（简述）

_____

_____

_____ 。

三、实验步骤（用方块图表示，并注明各步实验条件）❶

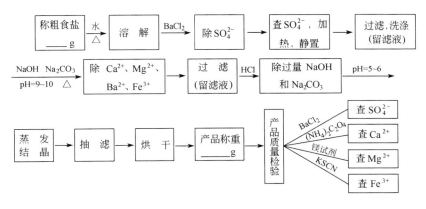

四、产品收率

$$收率(NaCl) = \frac{精食盐质量}{粗食盐质量} \times 100\%$$

$$=$$

五、习题和讨论

---

❶　本实验将方块图画出作为示范，后面的实验由学生自己设计并画出。

实验二　粗硫酸铜的提纯

一、目的要求

1. _____。
2. _____。

二、实验原理

_____

_____

_____

_____。

三、实验步骤

用方块图表示提纯步骤，并注明条件。

四、产品收率

$$收率(CuSO_4 \cdot 5H_2O) = \frac{精制\ CuSO_4 \cdot 5H_2O\ 质量}{粗硫酸铜质量} \times 100\%$$

$$=$$

五、习题和讨论

实验三　硫代硫酸钠的制备

一、目的要求

1. _____。
2. _____。
3. _____。

二、实验原理

_____

_____

_____

_____。

三、实验步骤

用方块图表示制备步骤，并注明条件。

四、产品产率

由反应方程式

$$Na_2SO_3 + S + 5H_2O \xrightarrow{\triangle} Na_2S_2O_3 \cdot 5H_2O$$

计算 $Na_2S_2O_3 \cdot 5H_2O$ 的理论产量

$$产率(Na_2S_2O_3 \cdot 5H_2O) = \frac{实际产量}{理论产量} \times 100\%$$

$$=$$

五、习题和讨论

实验四　硫酸亚铁铵的制备

一、目的要求

1. _____。
2. _____。
3. _____。

二、实验原理

_____
_____
_____
_____。

三、实验步骤

用方块图表示制备步骤，并注明条件。

四、产品产率

由下列对应关系式

$$Fe \sim FeSO_4 \sim (NH_4)_2SO_4 \sim (NH_4)_2SO_4 \cdot FeSO_4 \cdot 6H_2O$$

计算 $(NH_4)_2SO_4 \cdot FeSO_4 \cdot 6H_2O$ 的理论产量。

$$产率[(NH_4)_2SO_4 \cdot FeSO_4 \cdot 6H_2O] = \frac{实际产量}{理论产量} \times 100\%$$

$$=$$

五、习题和讨论

实验五　碳酸钠的制备

一、目的要求

1. _____。
2. _____。
3. _____。

二、实验原理

_____

_____

_____

_____。

三、实验步骤

用方块图表示制备步骤，并注明条件。

四、产品产率

由下列关系式

$$2NaCl \sim Na_2CO_3$$

计算 Na_2CO_3 的理论产量。

$$产率(Na_2CO_3) = \frac{实际产量}{理论产量} \times 100\%$$

$$=$$

五、习题和讨论

实验六　三草酸合铁（Ⅲ）酸钾的制备

一、目的要求

1. _____。
2. _____。
3. _____。

二、实验原理

_____

_____

_____

_____。

三、实验步骤

用方块图表示制备过程，并注明条件。

四、产品产率

由下列对应关系式

$$Fe(Ⅱ)盐 \sim K_3[Fe(C_2O_4)_3] \cdot 3H_2O$$

计算产品的理论产量。

$$产率\{K_3[Fe(C_2O_4)_3]\} = \frac{实际产量}{理论产量} \times 100\%$$

$$=$$

五、习题和讨论

实验七　磷酸二氢钠和磷酸氢二钠的制备

一、目的要求

1. _____。
2. _____。
3. _____。

二、实验原理

_____

_____

_____

_____。

三、实验步骤

用方块图分别表示两种盐的制备过程，并注明条件。

四、产品产率

根据浓 H_3PO_4 密度，求算出原料 H_3PO_4 的质量，再根据下列关系式 $H_3PO_4 \sim$ $NaH_2PO_4 \cdot 2H_2O$、$H_3PO_4 \sim Na_2HPO_4 \cdot 12H_2O$ 计算出理论产量。

$$产率(NaH_2PO_4 \cdot 2H_2O) = \frac{实际产量}{理论产量} \times 100\%$$

$$=$$

$$产率(Na_2HPO_4 \cdot 12H_2O) = \frac{实际产量}{理论产量} \times 100\%$$

$$=$$

五、习题和讨论

实验八 高锰酸钾的制备

一、目的要求

1. _____。
2. _____。
3. _____。

二、实验原理

_____

_____

_____

_____。

三、实验步骤

用方块图表示制备过程，并注明条件。

四、产品产率

由下列关系式

$$3MnO_2 \sim 2KMnO_4$$

计算产品的理论产量。

$$产率(KMnO_4) = \frac{实际产量}{理论产量} \times 100\%$$

$$=$$

五、习题和讨论

实验九　硫酸铜的制备

一、目的要求

1. _____。
2. _____。

二、实验原理

_____

_____

_____

_____。

三、实验步骤

用方块图表示制备过程，并注明条件。

四、产品产率

由下列关系式

$$Cu \sim CuSO_4 \cdot 5H_2O$$

计算产品的理论产量。

$$产率(CuSO_4 \cdot 5H_2O) = \frac{实际产量}{理论产量} \times 100\%$$

$$=$$

五、习题和讨论

实验十 废银盐溶液中银的回收

一、目的要求

1. _____ 。
2. _____ 。
3. _____ 。

二、实验原理

_____

_____

_____

_____ 。

三、实验步骤

用方块图表示回收步骤，并注明条件。

四、废液银的含量

$$银含量 = \frac{产品质量(g)}{废液体积(L)}$$

$$=$$

五、习题和讨论